浙江省普通本科高校"十四五"重点立项建设教材

C 语言应用案例教程

主　编　王景丽

副主编　黄春芳　王祥荣　慈艳柯

　　　　姚晋丽　陈立群

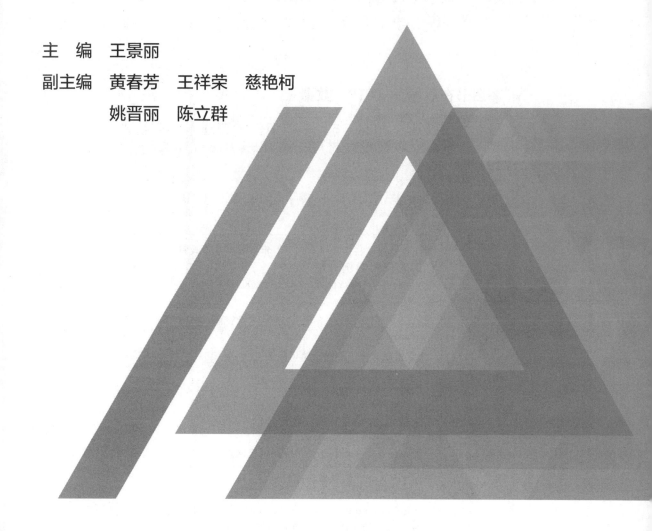

中国水利水电出版社
www.waterpub.com.cn
·北京·

内 容 提 要

本教材在内容上，以"案例开发"为切入点，突出实践能力培养，在案例内容呈现上，融入思政元素，突出多学科知识点之间的有效衔接和学科最新发展成果。本教材包含基础篇、实战篇和拓展篇三大篇共 12 章，第 1 篇基础篇包含 C 语言、基本数据结构及开发工具和案例开发储备知识。第 2 篇为实战篇，以工程实践案例为导引，融入课程思政，模拟应用开发实践全过程。第 3 篇为拓展篇，选取"智能制造"领域应用案例，通过"软硬结合开发"，展示当前学科知识发展的新阶段。

本书既可作为高等院校计算机及相关专业课程的教学用书，也可作为 C 语言初学者和相关培训机构、等级考试的参考书或培训教材。

图书在版编目（CIP）数据

C语言应用案例教程 / 王景丽主编. -- 北京 ： 中国水利水电出版社，2024. 5. --（浙江省普通本科高校"十四五"重点立项建设教材）. -- ISBN 978-7-5226 -2484-6

Ⅰ. TP312.8

中国国家版本馆CIP数据核字第2024TU1649号

书　　名	浙江省普通本科高校"十四五"重点立项建设教材 **C 语言应用案例教程** C YUYAN YINGYONG ANLI JIAOCHENG
作　　者	主　编　王景丽 副主编　黄春芳　王祥荣　慈艳柯　姚晋丽　陈立群
出版发行	中国水利水电出版社 （北京市海淀区玉渊潭南路 1 号 D 座　100038） 网址：www. waterpub. com. cn E - mail：sales@mwr. gov. cn 电话：（010）68545888（营销中心）
经　　售	北京科水图书销售有限公司 电话：（010）68545874、63202643 全国各地新华书店和相关出版物销售网点
排　　版	中国水利水电出版社微机排版中心
印　　刷	天津嘉恒印务有限公司
规　　格	184mm×260mm　16 开本　13.75 印张　335 千字
版　　次	2024 年 5 月第 1 版　2024 年 5 月第 1 次印刷
印　　数	0001—2000 册
定　　价	**58.00 元**

前　言

在新工科背景下，教材从编排理念、内容选取、实践能力培养路径等方便体现"新工科"建设特色。首先在编排理念上体现"自主学习能力"和"创新意识培养"，强调将知识在实践中灵活运用、思维的开放与拓展，不以单纯的传递学科知识为目标。其次在教材内容上，以"案例开发"为切入点，突出实践能力培养，理论补充以项目开发"够用"为度。在案例的选择上，注重与行业企业结合，例如采用宁波市铭创电子科技有限公司的"无接触测温仪"项目作为教材案例。尤其考虑到数字经济背景下，对综合型人才的需求增大，教材将"不同学科知识的融合和吸收"作为重要内容，特别增加了图形处理和软硬件协同开发案例，以强调多个学科知识点之间的有效衔接和学科当前发展新成果。

在案例内容呈现上，融入思政元素，基础篇的千里之行始于足下（C语言概述）、拨开现象看本质（算法及其基本语法）、实战派和拓展篇的新一线城市管理系统、青春时钟、欢度国庆电子版、无接触测温仪等都融入了爱国情怀、财商素养、美丽中国等思政元素。在案例编排中模拟真实开发流程，从设计目标、功能模块设计、数据结构设计到模块设计，功能模块迭代推进，递增累加，最终到"系统实现"、展示整个案例。

本教材包含基础篇、实战篇和拓展篇三大篇共12章、第1篇基础篇包含C语言、基本数据结构及开发工具及案例开发储备知识，为后续提供实践基础。第2篇为实战篇，实战篇以工程实践案例为导引，融入课程思政，模拟应用开发实践全过程，是本书的核心部分。实战篇展示了6个案例，涉及结构体数组应用，单链表应用和图形应用等内容，案例类型丰富，应用型强。第5、6章两个项目主要使用结构体数组，两个案例层层推进，第6章的项目相比第5章采用多文件方式进行开发；第7、8章两个案例运用工程思想，用链式存储结构，是对链式存储的展示和总结；第9、10章是两个趣味的图形案例，第9章深入的描写了图形存储与二维数组结合的应用开发，第10章介绍了如何采用当前流行的第三方SDL库，进行简单的游戏开发。第3篇为拓展篇，选取"智能制造"领域应用案例，通过"软硬结合开发"，展示当前学科知识发展的新阶段。展示了"欢度国庆电子版"和"无线测温仪"两个产品的开发过程，其中无线测温仪是企业真实项目，由企业工程师陈立群工程师联合校内老师共同编写。三大篇章知识层层递进，能力目标螺旋上升，重在培养学生的应用实践开发能力、系统能力及自主学习能力。

作者

2024 年 3 月

目　录

前言

第1篇　基　础　篇

第1章　千里之行始于足下——C语言概述 ……………………………………… 3

1.1　C语言的应用 ……………………………………………………………… 3

1.2　C语言的特点 ……………………………………………………………… 4

1.3　C程序集成开发环境 ……………………………………………………… 5

第2章　拨开现象看本质——算法及基本语法 ………………………………… 14

2.1　什么是算法 ………………………………………………………………… 14

2.2　算法的表示 ………………………………………………………………… 14

2.3　数据的基本类型、数据的表示、数据的存储 …………………………… 16

2.4　数据运算 …………………………………………………………………… 18

第3章　章法有度成方圆——C语言的基本控制结构 ………………………… 22

3.1　自上而下的顺序结构 ……………………………………………………… 22

3.2　灵活多变的选择结构 ……………………………………………………… 23

3.3　强大高效的循环结构 ……………………………………………………… 30

3.4　函数助力高质量代码 ……………………………………………………… 39

第4章　九层之台，起于垒土——项目准备知识 ……………………………… 46

4.1　图形图像编程 ……………………………………………………………… 46

4.2　日期函数使用 ……………………………………………………………… 54

4.3　结构化程序设计思想 ……………………………………………………… 57

4.4　数据组织结构 ……………………………………………………………… 58

4.5　文件操作 …………………………………………………………………… 69

4.6　基本输入/输出 …………………………………………………………… 71

4.7　编译预处理 ………………………………………………………………… 74

第2篇　实　战　篇

第5章　结构体数组应用案例1——手机通信云管家 …………………………… 81

5.1　案例导入，思政结合 ……………………………………………………… 81

5.2　设计目标 ··· 81

5.3　总体设计 ··· 81

5.4　程序实现 ··· 88

5.5　拓展功能实现 ·· 90

5.6　小结 ·· 91

第 6 章　结构体数组应用案例 2——小微图书管理系统的分析与设计 ····· 92

6.1　案例导入，思政结合 ·· 92

6.2　设计目标 ··· 92

6.3　多文件编程方法 ··· 92

6.4　总体设计 ··· 93

6.5　程序实现 ··· 103

6.6　拓展功能实现 ·· 104

6.7　小结 ·· 107

第 7 章　单链表应用案例 1——大学生消费管理系统的分析与设计 ······· 108

7.1　案例导入，思政结合 ·· 108

7.2　设计目标 ··· 108

7.3　总体设计 ··· 109

7.4　程序实现 ··· 118

7.5　拓展功能实现 ·· 122

7.6　小结 ·· 123

第 8 章　单链表应用案例 2——城市管理系统的分析与设计 ············· 124

8.1　案例导入，思政结合 ·· 124

8.2　设计目标 ··· 124

8.3　总体设计 ··· 125

8.4　程序实现 ··· 136

8.5　拓展功能实现 ·· 144

8.6　小结 ·· 145

第 9 章　图形应用案例 1——图像文件处理 ·························· 146

9.1　案例导入，思政结合 ·· 146

9.2　设计目标 ··· 146

9.3　总体设计 ··· 146

9.4　拓展功能实现 ·· 156

9.5　小结 ·· 157

第 10 章　图形应用案例 2——连连看游戏的设计实现 ················· 158

10.1　案例导入，思政结合 ··· 158

10.2　设计目标 ·· 158

10.3　总体设计 ·· 158

10.4　拓展功能实现 ·· 169

10.5　小结 ··· 169

第3篇　拓　展　篇

第11章　软硬协同设计案例1——"欢度国庆"电子显示板的设计与实现 ············ 173

11.1　案例导入，思政结合 ·· 173

11.2　设计目标 ··· 173

11.3　总体设计 ··· 173

11.4　功能实现 ··· 183

11.5　小结 ··· 191

第12章　软硬协同设计案例2——无线测温仪的设计与实现 ·················· 192

12.1　案例导入，思政结合 ·· 192

12.2　设计目标 ··· 192

12.3　总体设计 ··· 192

12.4　功能实现 ··· 197

12.5　小结 ··· 210

参考文献 ··· 211

第1篇 基 础 篇

第 1 章

千里之行始于足下——C 语言概述

　　截至 2024 年，C 语言诞生已超过五十年，但仍是目前国际上比较流行、使用比较广泛的高级编程语言之一。根据编程社区指数公布的编程语言排行榜最新数据，C 语言仍旧排在前三位，特别是近几年在嵌入式系统的编程中，C 语言一直占据主导地位。在使用过程中，因其语法简洁、使用方便且具备较强的可移植性而深受编程人员的喜爱。在计算机和软件开发相关专业的程序设计基础教学中，将其作为入门的编程语言是非常不错的选择。

　　本书所有的案例都是基于 C 语言来实现的，本章首先对 C 语言做简单的概述，也是对相关 C 语言基础知识的回顾，主要包括 C 语言的出现背景和发展历史、C 语言的特点、C 语言包含的基本数据类型和基本语法及控制结构等。另外，对本书后面程序需要使用到的程序编辑环境 Win - TC、C - FREE、VC++ 及 Dev - C++ 做简单的介绍。

1.1　C 语 言 的 应 用

　　C 语言自诞生之初就与操作系统开发紧密相关。它不仅是 UNIX 操作系统的诞生语言，而且大多数操作系统，包括 Linux 内核、Windows 的某些部分以及各种嵌入式操作系统都大量使用 C 语言进行开发，这主要得益于 C 语言提供的底层访问能力和高性能。除操作系统领域外，近年来 C 语言凭借其高效率、灵活性和接近硬件的特性，在众多领域持续发挥着重要作用。

　　在嵌入式系统和物联网设备开发中，C 语言因其对资源的高效利用和对硬件的直接控制能力而被广泛采用。无论是家用电器、汽车电子系统还是工业控制设备，C 语言都是开发这些系统软件的首选语言。

　　许多系统级软件，如文件系统、网络协议栈以及数据存储系统等都倾向于使用 C 语言开发。C 语言能够提供硬件级别的精确控制以及必要的性能优势，使其在这些领域保持竞争力。

　　尽管现代游戏开发越来越多地采用如 C++、Unity、Unreal Engine 等高级工具和语言，C 语言仍然在性能要求极高的游戏引擎开发和系统底层模块中被使用。C 语言提供的性能优化和硬件接近度在这一领域仍然十分珍贵。

　　许多流行的编程语言的编译器和解释器都是用 C 语言编写的，例如 Python 的 CPython 实现、PHP 的 Zend 引擎、Ruby 的 MRI 实现等。这些实现利用了 C 语言的高性能和广泛的平台兼容性。

C 语言也在数据库管理系统（DBMS）如 MySQL、PostgreSQL 的内核开发中起到了关键作用。此外，因为处理速度快，C 语言也常用于大数据技术和高性能计算项目中，尤其是那些对延迟和执行时间有严格要求的场合。

在网络通信领域，C 语言同样显示出其价值。许多网络通信协议的实现以及网络驱动程序都是使用 C 语言编写的，这有助于确保通信的高效和稳定。

总的来说，C 语言由于其独特的特性和历史地位，在当今的软件开发和计算机系统中仍然扮演着不可替代的角色。尽管面对许多新兴的编程语言和技术的挑战，C 语言依旧在很多需要低层次控制和高性能的领域中保持着其重要性。

1.2　C 语 言 的 特 点

C 语言是一种面向过程的编程语言，面向过程与面向对象在编程思想上有较大不同，面向过程的语言以过程为中心，通过顺序执行一系列函数来完成任务。而面向对象的语言则是以对象为基础，将数据和对数据的操作封装在一个实体内部。C 语言在诞生 50 年后，仍然能够存在和发展，并且在物联网时代焕发了新的生命力，C 语言的特点总结如下。

1. 简洁紧凑、灵活方便

C 语言语法简洁，它使用直观的语法结构，使得代码书写紧凑，易于理解和阅读。C 语言共有 32 个关键字，9 种控制语句，程序书写自由，主要用小写字母表示。它把高级语言的基本结构和语句与低级语言的实用性结合起来。C 语言可以像汇编语言一样对位、字节和地址进行直接操作，这三者是计算机最基本的工作单元；相比汇编语言，C 语言更易调试和快速迭代。

2. 运算符丰富

C 语言的运算符包括算术运算符、关系运算符、逻辑运算符、位运算符等。C 语言把括号、赋值、强制类型转换等都作为运算符处理。C 语言中的运算符具有不同的优先级和结合性，这决定了它们在表达式中的计算顺序。开发者可以使用括号来明确运算的顺序，也可以利用运算符的优先级来简化代码。C 语言还提供了用于位运算符的运算符，如按位与（&）、按位或（｜）、按位异或（^）等，这些运算符在对底层数据进行处理时非常有用。总的来讲，C 语言的运算类型极其丰富，表达式类型多样化，灵活使用各种运算符可以实现在其他高级语言中难以实现的运算。

3. 数据结构丰富

C 语言提供了几种基本的数据类型，如整型（int）、字符型（char）、浮点型（float、double）等。这些基本数据类型是用来存储和操作简单的数据值的。C 语言可以使用基本数据类型来定义和实现复杂的数据结构，例如数组、结构体、共用体类型等，能用来实现各种复杂的数据类型的表达。同时 C 语言并引入了指针概念，指针提供了直接访问内存的能力，以及灵活操作和管理数据的方式，合理地使用指针，可以提高程序的性能、节省内存开销使程序效率更高。

4. C 语言是结构化语言

结构化语言的显著特点是代码及数据的分隔化，即程序的各个部分除了必要的信息交流外彼此独立。这种结构化方式可使程序层次清晰，便于使用、维护以及调试。C 语言是以函数形式提供给用户的，这些函数可方便地调用，并具有多重循环、条件语句控制程序流向，从而使程序完全结构化。

5. C 语言适用范围大，可移植性好

因此 C 语言既具有高级语言的功能，又具有低级语言的许多功能，能够像汇编语言一样对位、字节和地址进行操作，而这三者是计算机最基本的工作单元，可以用来写系统软件。C 语言有一个突出的优点就是适合于多种操作系统，如 DOS、UNIX，也适用于多种机型。

1.3　C 程序集成开发环境

目前，在计算机上广泛使用的 C 语言的集成开发环境（IDE）有以下几种：

（1）Visual Studio：由 Microsoft 开发的 IDE，提供了强大的功能和调试工具，支持多种编程语言，包括 C 语言。

（2）Eclipse：一个开放源代码的 IDE 平台，通过插件可以支持 C 语言及其他各种编程语言。

（3）Code：：Blocks：一个免费、跨平台的 IDE，专注于 C 和 C＋＋开发，支持多种编译器，如 GCC、MinGW 等。

（4）NetBeans：一款开源的 Java IDE，也支持 C/C＋＋开发，具有智能代码补全、调试工具等功能。

（5）Dev－C＋＋：一个免费的 Windows 下的 IDE，支持 C/C＋＋开发，采用 MinGW 作为默认编译器。

（6）Xcode：苹果公司开发的 IDE，用于开发 MacOS 和 iOS 应用程序，支持 C 和 Objective－C。

以上是一些常见的 C 程序集成开发环境，开发者可以根据自己的需求和喜好选择适合自己的 IDE。本书介绍的编译环境有 Visual Studio、Dev－C＋＋和 C－free。

1.3.1　Dev－C＋＋介绍

Dev－C＋＋是一款全功能集成开发环境（IDE），主要用于 C 和 C＋＋语言的开发。它使用 MingW32/GCC 编译器，遵循 C/C＋＋标准。开发环境包括多页面窗口、工程编辑器以及调试器等。Dev－C＋＋的使用门槛较低，新手容易上手。在工程编辑器中集合了编辑器、编译器、链接程序和执行程序，提供高亮度语法显示的，以减少编辑错误，还有完善的调试功能，因此如果你在编程过程中遇到问题，可以很容易地找到解决方案。

1. Dev－C＋＋的使用

（1）初次安装 Dev－C＋＋，打开后一般出现如下画面，这是一个简单的 helloworld 程序，如图 1.1 所示。

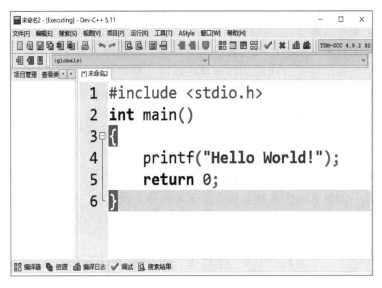

图 1.1　Dev-C++中的 HelloWorld 程序

（2）选择"文件"——→"新建文件"命令（根据需要，也可以打开已有文件），然后输入代码［已经写了代码，记得在最后一个花括号前加个 getch() 函数，以让自己看到运行结果］，然后另存为 C 的源文件，并命名为 Hello.c，如图 1.2 所示。

图 1.2　Dev-C++源程序保存

（3）保存，代码如图 1.3 所示。然后单击"运行"——→"显示结果"，单击"确定"按钮，运行结果如图 1.3 所示。

2．Dev-C++编辑器设置

Dev-C++提供了许多可以自定义的编辑器设置，你可以根据自己的喜好和需求进行调整，如设置字体和颜色、调整代码缩进、设置编译选项等。以上仅为部分常见设置，

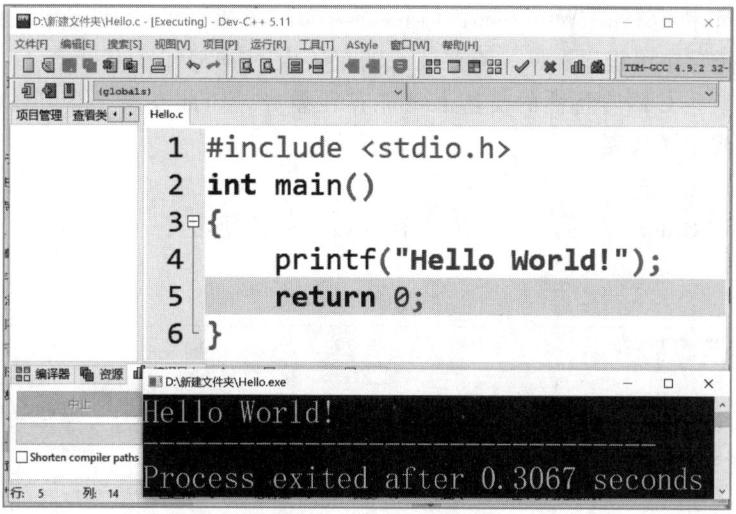

图 1.3　Dev‐C++程序运行

Dev‐C++还提供了许多其他可自定义的编辑器和编译器设置，如图 1.4 所示。

图 1.4　Dev‐C++编辑器设置

1.3.2　VS C++介绍

　　Visual Studio 是美国微软公司的开发工具包系列产品，它是一个完整的开发工具集，包括了整个软件生命周期中所需的大部分工具，如 UML 工具、代码管控工具、集成开发环境等。虽然它最初被设计用来开发 .NET 和 C♯ 应用程序，但它也支持多种其他编程语言，包括 C、C++等。

　　Visual Studio 提供了 Microsoft Visual C++，通常简称 MS VC，是在 Windows 上作为 Visual Studio 一部分可用的 C++、C 和汇编语言开发工具和库的名称。这些工具和库允许创建通用的 Windows 平台（UWP）应用程序、本机 Windows 桌面和服务器应用程序、跨平台库和运行在 Windows、Linux、Android 和 iOS 上的应用程序,以及使用.NET 框架的托管应用程序和库。需要注意的是,由于 MSVC 编译器与 GCC 或 Clang 等其他编译器在某些 C 语言特性的支持上可能存在差异,因此在跨平台开发时可能需要适当地调整代码或编译选项。

1. VS C++的安装

进入 Visual Studio 官网,下载 2022 社区版。下载使用 C++的桌面开发,如图 1.5 所示。

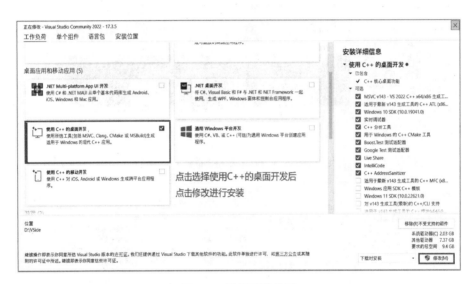

图 1.5　社区下载界面

2. VS C++的使用

(1) 在开始界面,单击【创建新项目】,如图 1.6 所示。

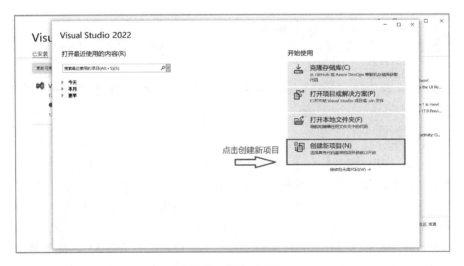

图 1.6　创建新项目

（2）单击【创建新项目】后，找到适用于 Windows 的 C＋＋的【空项目】，单击"下一步"按钮，如图 1.7 所示。

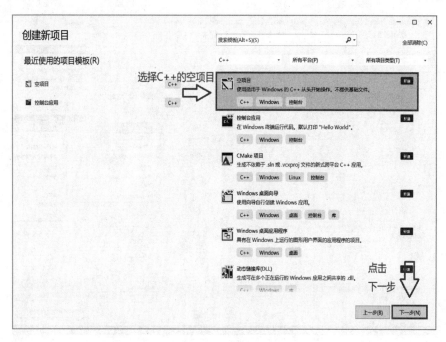

图 1.7　空项目

（3）在【配置新项目】栏里更改【项目名称】与项目所在【位置】后单击"创建"按钮即可创建一个新项目，如图 1.8 所示。

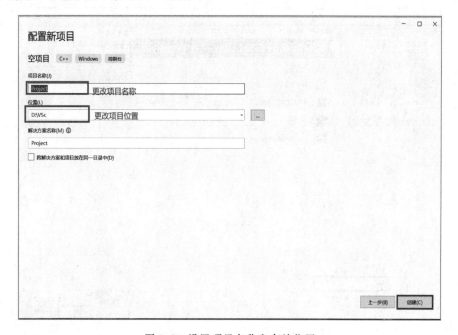

图 1.8　设置项目名称和存放位置

（4）创建完项目后找到解决方案资源管理器中的源文件，右击【源文件】→【添加】→【新建项】，如图1.9所示。

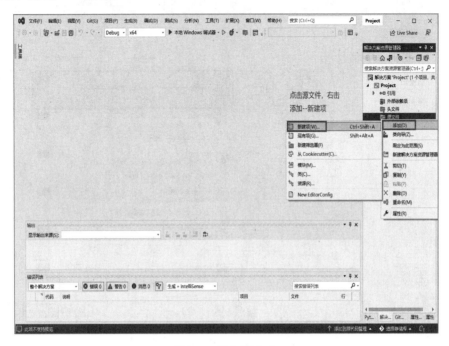

图1.9　添加源文件

（5）单击【代码】→【C++文件】后，单击【名称】→【添加】，如图1.10所示。

图1.10　命名源文件

（6）添加成功后在代码编写区写入代码，VS 编译器会实时检测代码是否有误，代码有误会在下方错误栏显示，也会在错误地方有红色波浪号。没问题后点击绿色三角形，即可运行代码，如图 1.11 所示。

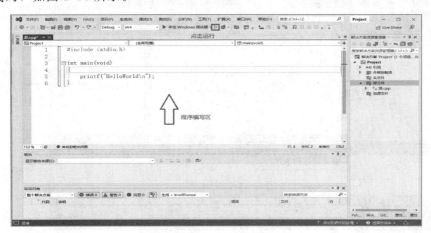

图 1.11　编写代码

（7）若程序运行成功，则会出现弹框，显示出你编写的程序，如图 1.12 所示。

图 1.12　编译和运行代码

1.3.3　CFree 介绍

CFree 是一个集成开发环境（IDE），专门用于编写和调试 C 语言和 C＋＋程序。它提供了一套功能强大且易于使用的工具，旨在帮助开发者提高编码效率和代码质量，利用 CFree，使用者可以轻松地编辑、编译、连接、运行、调试 C/C＋＋程序。

1. CFree 优点

（1）编辑器：CFree 提供了一个直观且功能丰富的代码编辑器，支持语法高亮、智能感知、自动补全等功能，使得编码过程更加便捷和高效。同时，它还支持多文档编辑和分割视图，方便同时查看和编辑多个文件。

（2）项目管理：CFree 支持创建和管理多个项目，并提供了一个快速的切换和导航界面，方便开发者在不同的项目之间进行切换和管理。

（3）插件和扩展性：CFree 支持插件和扩展，可以根据需要添加额外的功能和工具。用户可以通过安装第三方插件来增强 CFree 的功能。

2. CFree 的使用

（1）进入 CFree 的工作环境。单击桌面上 CFree 快捷方式图标 ，或单击桌面左下角的"开始"→"程序"→CFree，即可进入编程环境。

11

（2）熟悉 CFree 环境，如图 1.13 所示。

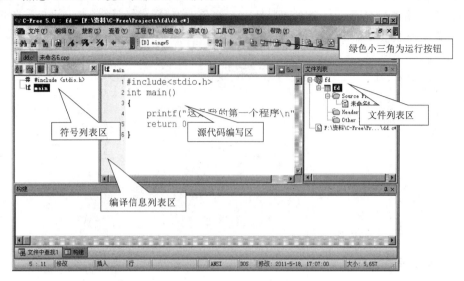

图 1.13　CFree 环境

图 1.14　运行结果

（3）输入并运行一个简单的程序。

（4）步骤：

1）选择【文件】→【新建】。

2）在源代码编写区写入相关程序，如图 1.13 所示。

3）写完后单击运行按钮 ▶ 运行该程序，程序运行结果如 1.14 所示。

其中，Press any key to continue…表示"按任意键继续"，与具体程序无关联性。保存程序，可选择【文件】→【新建】或直接单击工具栏上的 🖫 图标新建 C 语言文件，如现要将该程序保存到 D 盘根目录，如图 1.15 所示。

1.3.4　程序调试方法

C 语言程序的调试是开发过程中不可或缺的一部分，它帮助开发者找出程序中的错误并修正。程序错误通常分为三类：编译时错误、运行时错误和逻辑错误。下面介绍几种基本的 C 语言程序调试方法。

1. 编译器警告和错误

最基础的调试方法是利用编译器的警告和错误信息。在编译阶段，编译器会检查代码的语法，并尽可能地指出错误的位置和原因。当你遇到编译错误时，首先应该做的是仔细阅读编译器提供的错误信息和警告，然后按照提示进行修改。

2. 打印调试

这是一个简单而又直接的方式，即在代码中插入 printf（来打印测试变量的值、表达式的结果或是函数的执行流）。通过观察这些输出，可以理解程序的运行过程和状态，从而定位问题所在。

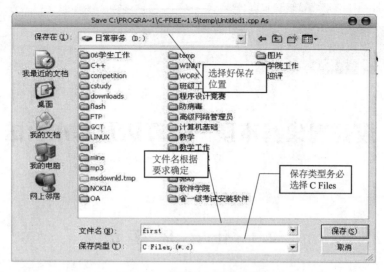

图 1.15　C 语言文件的保存

3. 使用调试器

　　C 语言的集成开发环境是一个功能强大的 C/C++ 语言调试工具，支持多种操作系统。可启动程序，并逐步执行每一行代码，检查当前的变量值，改变变量内容，甚至是跳转到某个函数等，同时调试器提供了断点、单步执行、观察窗口等功能，能够非常方便地对程序进行调试，如图 1.16 所示这是 Dev-C++ 的调试界面。

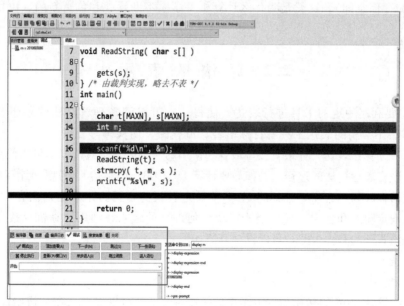

图 1.16　Dev-C++ 的调试窗口

　　调试是软件开发中不可避免的一环，掌握调试技巧对提高编程效率至关重要。初学者可能会发现调试是一个费时费力的过程，但随着经验的积累，你将能够更快地识别并解决问题。记住，耐心和细致是调试时的好伙伴。

第 2 章

拨开现象看本质——算法及基本语法

2.1 什 么 是 算 法

算法从广义上来说，是处理事情的方法步骤。算法是计算机中的术语，是含有计算的意思，即完成一个功能模块需要的有序计算步骤。

算法可以解决的问题很多。算法被用来处理数据、进行计算和自动化决策。算法可以涵盖各种范围，从简单的数学运算到复杂的深度学习和人工智能。一个简单的算法示例可能是排序算法，它详细说明了排序所需的步骤。一个更复杂的算法可能会涉及高级机器学习技术。一个好的算法不仅需要能够有效地解决问题，还需要尽可能少地使用系统资源（例如时间和存储空间）。这就是为什么计算机科学家不断寻找和创造新的、更优的算法来解决问题。

2.2 算 法 的 表 示

算法需要利用一定的工具进行表达，使得他人可以清楚理解算法的思想和步骤。对于计算机算法，常用的表达工具有自然语言、流程图、伪代码等三种。

自然语言是算法表达一种最直接，最容易使用的一种表达工具。我们可以使用一个例子来了解自然语言表达算法的过程。例如需要计算 $1+2+3+\cdots+100$。考虑到计算机计算的过程是先把数据存放到内存中，然后再送入 CPU 进行运算，再将结果送回内存的工作模式。我们可以先确定输入和输出。该问题不需要任何外部的输入，利用计算机直接计算可以完成。输出是该式子的和。由此，可以设计算法如下：

输入：无；

输出：和（sum）；

步骤 1：设定 sum 的初始值为 0；并且使用符号 i 表示累加的次数，初始值设为 1；

步骤 2：sum 的值加上 i 的值，再放入 sum 中；

步骤 3：i 加上 1；

步骤 4：重复步骤 2，3，一直到 i 为 101 的时候转到步骤 5；

步骤 5：输出 sum；

步骤 6：算法结束。

以上就是利用自然语言表示 1～100 累加的算法流程。用自然语言表示的算法通俗易懂，表达比较简单直接。但是自然语言的缺点也非常明显。自然语言的先天缺陷在于其表达容易产生歧义，不够精确严谨，同样的一句话由不同的人阅读可能产生不同的理解，另外由于不同国家的人其语言系统是不同的，不适合所有人阅读。因此，需要一种更通用的表示方式进行算法的表达。

流程图是计算机研究人员开发出来的一种通用的、直观的、表达更加清晰准确的工具，是目前为止使用最广泛的算法表达工具。流程图有两种，一种是传统的流程图，另外一种是 N-S 流程图，以下分别进行介绍。使用传统流程图进行算法表示首先需要熟悉流程图的各个符号。

流程图中的各个符号中，判断框有两条流程线引出，用于表示两条不同的流程，每条流程需要标明是真（T）还是假（F），表示不同的流程。现在仍然以设计累加算法为例设计利用流程图表示的算法（图 2.1）。

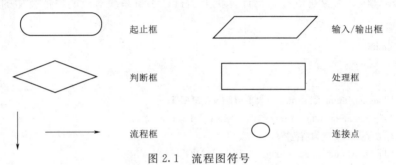

图 2.1　流程图符号

N-S 图是另一种算法表示的流程图，由美国人 I. Nassi 和 B. Shneiderman 共同提出的，其根据是既然任何算法都是由流程图表示，那流程图中的线则是多余的，因此，N-S 图是流程图的另外一种表现形式而已（图 2.2）。

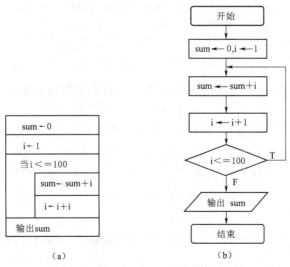

（a）　　　　　　　　　　　（b）

图 2.2　从 1 加到 100 的流程图表示

2.3 数据的基本类型、数据的表示、数据的存储

计算机处理的核心业务是数据的存储和处理。由于数据的类型很多，需要进行分类处理。一般在程序编写过程中，存储数据使用的存储单元需要先申请，这个过程实际就是变量的定义，而定义变量的过程就是申请存储单元的过程。在申请存储单元时，就要确定其在内存所占用的字节大小，也就是要确定存储的数据对应的类型。C 语言的数据类型包括字符类型、整数类型、实数类型。在程序编写中，根据所要处理的数据不同，分别定义不同类型的变量，以下分别阐述。

1. 整数类型

整数类型（Integer Types）：根据不同的容量及不同的表示形式，将整数类型分为int、short int、long int、long long int 等，其中最常用的类型为 int 型。

以下这段代码，大家可以在自己计算机上运行，了解系统对应的整数类型的存储范围。

```
#include<stdio.h>
#include<limits.h>
 int main()
{
    printf("The maximum value of int：%d\n", INT_MAX);
    printf("The minimum value of int：%d\n", INT_MIN);
      //long 类型的整数的取值范围
    printf("The maximum value of long：%ld\n", LONG_MAX);
    printf("The minimum value of long：%ld\n", LONG_MIN);
      //long long 类型的整数的取值范围
    printf("The maximum value of long long：%lld\n", LLONG_MAX);
    printf("The minimum value of long long：%lld\n", LLONG_MIN);
      //unsigned long long 类型的整数的取值范围
    printf("The maximum value of unsigned long long：%llu\n", ULLONG_MAX);
      return 0;
}
```

2. 实数类型

C 语言中的实数类型是用来表示带有小数点的数值的数据类型。在 C 语言中，实数类型包括以下两种：float 和 double。float 类型通常用于表示单精度浮点数，占用 4 个字节的存储空间；double 类型通常用于表示双精度浮点数，占用 8 个字节的存储空间。在使用这些类型时，需要注意浮点数计算的精度问题以及可能的舍入误差。运行以下这段代码，可以看到系统中浮点数和 double 类型的字节大小以及它们可以表示的最大和最小值，具体输出可能会因系统和编译器的不同而有所差异。

```
#include<stdio.h>
#include <float.h>//使用 <float.h> 头文件中定义的值来测试系统中浮点数的范围和字节
int main()
{
```

```
        printf("浮点数类型的字节数:%lu \n", sizeof(float));
        printf("浮点数的最小值:%E \n", FLT_MIN);
        printf("浮点数的最大值:%E \n", FLT_MAX);
        printf("double 类型的字节数:%lu \n", sizeof(double));
        printf("double 的最小值:%E \n", DBL_MIN);
        printf("double 的最大值:%E \n", DBL_MAX);
        return 0;
    }
```

程序中的"％E"是一个格式说明符，用于打印指数形式的浮点数。sizeof 是一个操作符，用于获取数据类型或变量在内存中的大小（以字节为单位）。FLT_MIN 和 FLT_MAX 是 float 类型可以表示的最小和最大值，而 DBL_MIN 和 DBL_MAX 是 double 类型可以表示的最小值和最大值。

3. 字符类型

字符型数据与一般的数值型数据区别比较大，主要用于程序的输入与输出，此外，文字处理也是一个重要的应用领域。字符型常量为用单引号括起来的一个符号，例如：

　　　　'a'　　　　　'b'　　　　　'c'　　　　　'='　　　　　'?'　　　　　'!'

除了这类常规的字符常量外，在 C 语言中，还有一类比较特殊的称为转义字符的字符常量，用来表示一些无法用显式字符表示的含义字符，如回车符、制表符等。转义字符以反斜杠"\"开头，后跟一个或几个字符，表示的意思与原有的字符含义不同。例如，'\n'不表示字符'n'，而是表示回车换行。'\t'表示水平制表符。常用的转义字符及其含义见表 2.1。另外，其他常规字符也可以用转义字符来表示，如'\ddd'就可以用八进制数来表示所有的字符编码。

表 2.1　　　　　　　　　　　　**常用的转义字符及其含义**

转义字符	转义字符的含义	ASCII 代码
\ n	回车换行	10
\ t	横向跳到下一制表位置	9
\ b	退格	8
\ r	回车	13
\ f	走纸换页	12
\ \	反斜线符"\"	92
\ '	单引号符	39
\ "	双引号符	34
\ a	鸣铃	7
\ ddd	1～3 位八进制数所代表的字符	
\ xhh	1～2 位十六进制数所代表的字符	

字符在内存中的存储是以一个字节进行存储，本质上也是以整数的表示形式。任何一个字符，都有一个对应的编码存储在内存中，这种字符与编码的对应关系称为 ASCII 码。例如字符'a'对应的 ASCII 码是 97，因此，从本质上来说，字符常量其实是一个整数。

字符变量用 char 关键字进行声明，声明的方式与其他数值型变量相同。

字符串是由多个单一字符组成的数据，用双引号括起来。字符串的例子如下：

"China"   "American"   "Welcome"

关于字符串需要注意的是，字符串长度与字符串占的字节长度。字符串长度指的是字面看到的字符串中字符的个数，而字符串所占的字节长度要比字面长度多。例如字符串"China"，其字符串长度为 5，但是其所占的字节长度为 6。这是由于任何一个字符串其都以'\0'结尾。

4．复合数据类型

在 C 语言中，除了三种基本的数据类型以外，还有复合数据类型，如数组、枚举、结构体等，以下简单介绍数组这种符合数据类型。

数组是一组相同类型数据的集合，其特点是所有数据在内存中依次排列，数组中元素的位置使用表示数组首地址的数组名称以及元素在数组中的位置唯一确定。数组的定义、元素引用见［例 2.1］。

【例 2.1】 统计一组整数中负数的个数。

```c
#include<stdio.h>
int main()
{
  int a[10]={0},i,cnt=0;
  printf("请输入十个整数:\n");
  for(i=0;i<10;i++)
    scanf("%d",&a[i]);
  for(i=0;i<10;i++)
    if(a[i]<0) cnt++;
        printf("cnt=%d",cnt);
  retrun 0;
}
```

数组在定义的时候，其指定的长度必须使用常量或者是常量表达式。数组元素的引用则是可以使用变量的，如［例 2.1］中的 a[i]。数组在定义的同时可以初始化。数组初始化的方式与基本数据类型的变量不同。如下罗列了数组初始化的几种方式：

int a[]={1,2,3,4};//数组的长度未指定，通过初始化数据的个数确定

int a[10]={1,2,3,4};//数组部分初始化，未初始化的元素则默认为 0

需要注意的是，数组的索引是从 0 开始编号的，即数组的第一个元素编号为 0，最后一个元素的编号则是长度减 1。如在［例 2.1］中，数组 a 的第一个元素为 a[0]，最后一个元素为 a[9]，a[10]不属于该数组的元素。如果数组越界，C 语言不提供检查机制，也就是说当程序员在引用数组元素以外的元素时，编译器不会提示错误信息，而在程序运行时才会出错，这给编程人员制造了不小的麻烦，需要特别注意这个问题。

2.4 数 据 运 算

C 语言中基本的算术运算符有＋、－、＊、/、％，其中"％"是用于整数的取余运算，因此该运算符针对的运算对象一定要是整数。在数据运算过程中，需要遵循几条规则。

（1）同种数据类型的数据相互运算，其结果数据类型不变。例如 3/5 其结果为 0。由于 3 与 5 都是整型常量，结果一定是整型，因此结果不会得到 0.6。

（2）不同数据类型相互运算，首先将不同数据类型的数据转化为同种数据类型，然后再进行运算。其转化的规则是将表示范围小的转化为表示范围大的类型。基本数据类型从小到大的排列顺序为：

$$shortint \quad int \quad long \quad float \quad double$$

例如：计算表达式 2L＋3 * 4.5，先由 int 类型的 3 转换为 double 类型的 3.0，与 4.5 相乘得到 double 类型的结果。下一步将 long 类型的 2L 转换为 double 类型，再参与运算。

【例 2.2】 华氏温度（f）转化为摄氏温度（c），转化公式为 c＝5/9(f－32)。

```c
#include <stdio.h>
int main()
{
    double c,f;
    printf("请输入摄氏温度:\n");
    scanf("%lf",&f);
    c=5.0/9 * (f-32);
    printf("c=%g",c);
    return 0;
}
```

如果表达式自然的计算结果类型不符合编程的需要，可以使用显示的强制类型转换，例如 int a＝(int)3.5 * 6＋7。这里值得注意的是，强制类型转换可能会引起精度损失，需要谨慎考虑。

（3）除了基本的算术运算符，C 语言还提供了另外一些常用的运算符，如括号运算符，用于提高表达式的运算优先级，明确计算顺序，增强表达式的可读性。例如：（3＋4 * (5－2.1))/(3/8)。复合运算符的使用则大大提高了表达式的简洁性，提高运算效率。这些运算符包括＋＝、－＝、/＝、 * ＝、%＝，例如 a＝a＋3 可以用复合运算符表达为 a＋＝3。C 语言的基本算术运算举例见 ［例 2.3］。

【例 2.3】 求一个三位数的各个位数的立方和。

```c
#include <stdio.h>
int main()
{
    int number,a100,a10,a,sum;
    printf("请输入一个三位数:\n");
    scanf("%d",&number);
    a100=number/100;
    a10=number/10%10;
    a=number%10;
    sum=a100 * a100 * a100;
    sum+=a10 * a10 * a10;
    sum+=a * a * a;
```

```
    printf("sum=%d",sum);
    return 0;
}
```

（4）C语言中还提供了＋＋、－－运算符。＋＋表示自身加1，而－表示自身减1。＋＋与－可以前置，也可以后置，但其运算的顺序是不同的。对于前置的＋＋与－－，是先将变量的值加1或减1，然后再进行表达式的运算。而对于后置的情况，则是先将变量参与表达式运算，再对变量的值进行自加或自减。特别需要注意的是，自加与自减运算符只针对变量，对常量进行自加与自减，编译器将报错。

【例 2.4】 表达式求值。

```
#include <stdio. h>
intmain()
{
    int a=3,b=4;
    float x=3.41,y;
    y=++a*b+x;
    printf("y=%g\n",y);
    y=a*b+x++;
    printf("y=%g",y);
    return 0;
}
```

该程序的运行结果为：

```
y=19.41
y=19.41
```

另外，C语言的标准函数库提供了其他高级数学运算的功能，供编程人员调用，如开方运算、对数运算等，如［例2.5］。以下列出了标准数学函数库 math. h 中的部分常用数学函数：

int abs （int i）：返回整型参数 i 的绝对值。

double fabs （double x）：返回双精度参数 x 的绝对值；

long labs （long n）：返回长整型参数 n 的绝对值；

double exp （double x）：返回指数函数 e^x 的值；

double log （double x）：返回 $\ln(x)$ 的值；

double sqrt （double x）：返回 x 的开方值；

double pow （double x，double y）：返回 x^y 的值；

double cos （double x）：返回 x 的余弦函数值；

double sin （double x）：返回 x 的正弦函数值；

double tan （double x）：返回 x 的正切函数值。

【例 2.5】 表达式求值：$y=(\sin x+\cos x)/(1+\ln x)$。

```
#include <stdio. h>
#include <math. h>
```

```
intmain()
{
    float x,y;
    printf("请输入一个三位数:\n");
    scanf("%f",&x);
    y=sin(x)+cos(x);
    y/=(1+log(x));
    printf("sum=%f",y);
    return 0;
}
```

第 3 章

章法有度成方圆——C 语言的基本控制结构

C 语言的基本结构和其他语言有相似之处，但也有区别。大多数编程语言都支持顺序结构、选择结构和循环结构这三种基本结构，因为它们是构成程序的基本框架，通过组合和嵌套这些结构，可以编写出各种复杂的程序。C 语言作为一个面向过程的语言，与面向对象的语言关注对象不同，C 语言更关注解决问题的步骤和流程，三种基本结构在问题解决流程上可以通过组合、嵌套给出不同的解决方案，程序员选择最优的方案进行实现。然而，不同的编程语言在实现这些结构时可能会有所不同，特别是在语法和细节方面。此外，一些高级编程语言还可能支持其他结构，如异常处理结构、事件驱动结构等。因此，虽然基本结构相似，但具体实现和用法可能会因编程语言而异。

3.1 自上而下的顺序结构

顺序结构是最基本的程序设计结构，它的特点是程序按照语句的顺序执行，每个语句执行一次且仅执行一次。顺序结构是 C 语言中最简单的结构，按照事情发生的先后顺序来组织语句，不需要考虑复杂的条件判断或循环结构，适合用于简单的程序设计任务，如数据的输入和输出、简单的计算等。例如编程实现了输入两个整数并输出它们的和的功能，依据功能分析，首先需要从用户端接收两个整数，接着由计算机完成计算求和，最后输出两数之和，三个步骤的发生必须严格依据以上顺序，从上到下，这就是一个典型的顺序结构程序。

【例 3.1】 编写程序，实现两个整数之和的计算。

```c
#include <stdio.h>
int main()
{
    intnum1, num2, sum;
    printf("请输入两个整数:\n");
    scanf("%d %d", &num1, &num2);
    sum = num1 + num2;
    printf("这两个整数的和是:%d\n", sum);
    return 0;
}
```

执行结果如下：

```
请输入两个整数：
12  34
这两个整数的和是：46
```

【例 3.2】 编写程序，实现两个变量值的交换功能。

具体代码如下：

```c
#include <stdio.h>
int main()
{
    intnum1, num2, temp;
    printf("请输入两个整数:\n");
    scanf("%d %d", &num1, &num2);
    // 交换两个整数的值
    temp = num1;
    num1 = num2;
    num2 = temp;
    printf("交换后的结果为:\n");
    printf("num1 = %d\n", num1);
    printf("num2 = %d\n", num2);
    return 0;
}
```

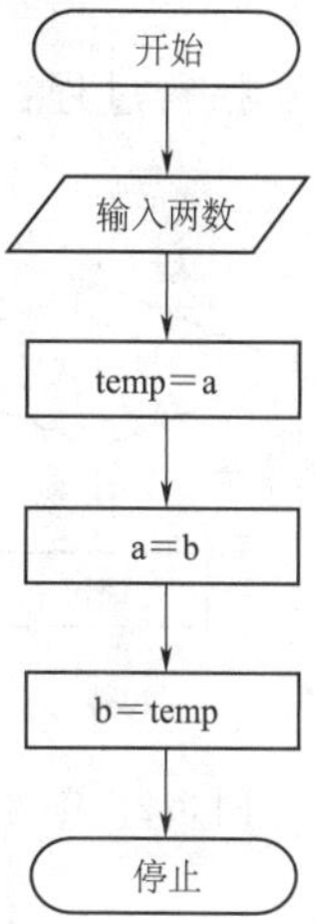

```
开始
   ↓
输入两数
   ↓
temp=a
   ↓
a=b
   ↓
b=temp
   ↓
停止
```

图 3.1 顺序
结构流程

如图 3.1 所示，顺序结构的程序流程图有一个自上而下的特点，各步骤指令顺序下来。该程序最终实现两数交换，在 C 语言中，这种使用临时变量来交换两个整数的方法是非常常见的，并且可以应用于许多不同的场景。以下是一些可能的应用场景。例如，在冒泡排序中，如果相邻的两个元素顺序不正确，就需要交换它们的位置，这时可以使用一个临时变量 temp 来保存其中一个元素的值，以便在交换过程中不会丢失数据。

3.2　灵活多变的选择结构

选择结构的特点是灵活多变，能够适应根据条件不同转而执行相应操作的复杂流程。C 语言中的选择结构主要包括 if 语句和 switch 语句。if 语句是一种基本的选择结构，根据条件的真假来决定是否执行某个代码块。if 语句可以单独使用，也可以与 else 关键字结合使用，形成 if……else…… 语句。switch 语句是一种多分支选择结构，用于根据不同的情况执行不同的操作。switch 语句中的条件表达式只能是整型或字符型，其值会与每个 case 后面的常量进行比较。当表达式的值等于某个常量时，执行该常量对应的代码块，直到遇到 break 关键字。当表达式的值不等于以上任何常量时，执行 default 后面的代码块。

3.2.1　分支语句的三种形式

if 语句可以单独使用，也可以与 else 关键字结合使用，形成 if……else 语句。if 语句还可以嵌套使用，即在某个分支中可以再包含另一个 if 语句，以满足更复杂的控制需求。

形式一：

```
if(条件)
{
    // 当条件为真时执行的代码块
}
```

执行过程：if 语句中的"条件"可以是一个表达式，其值为真（非零）或假（零）。当条件为真时，执行 if 语句后面的代码块；当条件为假时，跳过该代码块继续执行后续的代码，流程图如图 3.2 所示。

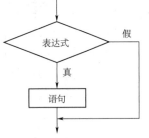

图 3.2　if 语句流程图

【例 3.3】　输入一个整数，判断是否大于 0。

```
#include <stdio.h>
int main()
{
    int num;
    printf("请输入一个整数:");
    scanf("%d", &num);
    if(num > 0)
    {
        printf("你输入的数字是正整数。\n");
    }
    return 0;
}
```

在［例 3.3］这个程序中，if(num>0) 是一个单分支结构。只有当 num 大于 0 时，才会执行 printf("你输入的数字是正整数。\n") 这句代码。如果 num 小于或等于 0，那么这句代码将不会被执行，程序将直接结束。

形式二：

```
if(条件)
{
    // 当条件为真时执行的代码块
}
else
{
    // 当条件为假时执行的代码块
}
```

执行过程：在 if……else 语句中，当条件为真时执行 if 语句后面的代码块，当条件为假时执行 else 后面的代码块。另外，if 语句还可以嵌套使用，即在某个分支中可以再包含另一个 if 语句，以满足更复杂的控制需求，流程图如图 3.3 所示。

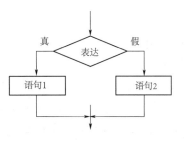

图 3.3　if……else 语句流程图

【例 3.4】 输入一个整数，判断是否是偶数。

在这个程序中，首先使用 printf() 函数输出提示信息，要求用户输入一个数字。然后使用 scanf() 函数读取用户输入的数字，并将其存储在 number 变量中。接着使用 if……else 语句判断 number 是否为偶数，如果是偶数，则输出 "你是偶数!"；否则输出 "你不是偶数!"。

```c
#include <stdio.h>
int main()
{
    int number;
    printf("请输入一个数字:");
    scanf("%d", &number);
    if (number % 2 == 0)
        printf("你是偶数! \n");
    else
        printf("你不是偶数! \n");
    return 0;
}
```

形式三：

```c
if (condition1)
{
    // 当条件 1 为真时执行的代码块
}
else if (condition2)
{
    // 当条件 2 为真时执行的代码块
}
else
{
    // 当以上条件都不满足时执行的代码块
}
```

执行过程：第一个 if 后面是条件表达式，如果该条件为真，则执行对应的代码块；如果为假，则检查下一个 else if 后面的条件表达式，如果满足则执行对应的代码块；如果所有的条件都不满足，则执行最后的 else 代码块。else if 后的每一个表达式都隐含上面表达式不成立的意思，流程图如图 3.4 所示。

很多时候，选择结构的表达很

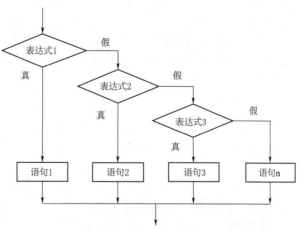

图 3.4 if……else if……else……语句流程图

灵活，可以用多种语句表达出一个含义，并且三种结构相互之间也可以嵌套使用。在具体应用时由程序特点和代码优化的原则选择合适的语法结构解决问题。

【例 3.5】 这是一个分段计费的例子，比如出租车起步价 3 公里 10 元，之后每公里 2元，但超过 10 公里后每公里则是 3 元。

方案 1：题目中的 3 种情况相互独立，可以用 3 个独立的 if 语句进行表达。

```
#include <stdio.h>
int main() {
    float mile, cost;
    printf("请输入您行驶的距离(单位:公里):");
    scanf("%f", &mile);
    if (mile <= 3)
    {
        fare = 10;
    }
    if (mile > 3 && mile <= 10)
    {
        fare = 10 + (mile - 3) * 2;
    }
    if (distance > 10) {
        fare = 10 + (10 - 3) * 2 + (mile - 10) * 3
    }
    printf("您的出租车费用为:%.2f 元\n", cost);
    return 0;
}
```

方案 2：题目中的出租车计费是典型的分段计费问题，可以使用 if……else if……else这类多分支结构来表达。

```
#include <stdio.h>
int main() {
    floatmile, cost;
    printf("请输入您行驶的距离(单位:公里):");
    scanf("%f", &mile);
    if (mile <= 3) {
        cost = 10;
    } else if (mile <= 10){
        cost = 10 + (mile - 3) * 2;
    } else {
        cost = 10 + 7 * 2 + (mile - 10) * 3;
    }
    printf("您的出租车费用为:%.2f 元\n",cost);
    return 0;
}
```

方案 3：可以理解为在第一种情况 mile＜＝3 成立的情况下执行 cost＝10，在 mile＜＝3 不成立的情况下又分成 mile＜＝10 和 mile＞＝10 两种情况，可以使用 if……else……嵌套的结构。

```
#include <stdio.h>
int main()
{
    float mile,cost;
    printf("请输入您行驶的距离(单位:公里):");
    scanf("%f",&mile);
    if(mile<=3)
      cost=10;
    else
       {
           if(mile<10)
               cost=10 + (mile - 3) * 2;
           else
               cost=10 + 7 * 2 + (mile - 10) * 3;
       }
    printf("您的出租车费用为:是%.2f",cost);
    return 0;
}
```

思考：还可以怎么表达？

除 if 语句的三种结构外，也可用条件运算符来表示选择结构。if 语句中，当表达式为"真"和"假"时，都只执行一个赋值语句给同一个变量赋值时，可以用条件运算符处理。格式：表达式 1? 表达式 2：表达式 3。

cost = (mile <= 3)?10：((mile < =10)?(10+(mile-3)*2)：(24+(mile-10) * 3));

3.2.2　多分支语句

switch 语句是 C 语言中的另一种多分支控制结构，它允许程序根据表达式或变量的值在多个代码块之间进行选择。这种结构对于处理程序中的多选项情况非常有用。例如，可以使用 switch 语句来处理菜单选项，或者根据用户的输入执行不同的操作。其基本形式如下：

```
switch(表达式 expression)
{
case   C1：
          语句 1；break；
case   C2：
          语句 2；break；

      ……

    case   Cn：
          语句 n；break；
    [default:语句 n+1；break；]
}
```

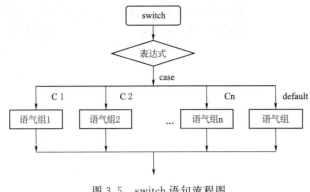

图 3.5　switch 语句流程图

执行过程：常量表达式 C1，C2，…，Cn 是表达式 expression 的可能正常取值，非正常的取值放入 default 中，根据表达式 e 的取值跳转到对应的 case 语句执行，如图 3.5 所示。

switch 几点说明：

（1）expression 是一个表达式或一个变量，它的值会与每个 case 后的常量进行一一比较。如果找到匹配项，则执行对应的 case 语句后的代码。

（2）C1，C2，…，Cn 是常量表达式，是你想要在 expression 中检查的值，每个值必须互不相同。

（3）常量表达式起语句标号作用，必须用 break 跳出，break 关键词会结束 switch 语句。如果没有 break，程序将会继续执行下一个 case 的代码，无论其是否匹配，直到遇到 break，或者 switch 语句结束。

（4）case 后可包含多个可执行语句，且不必加 { }。

（5）switch 可嵌套，但需要注意嵌套的结构以及每个结构到哪里结束。

（6）多个 case 可共用一组执行语句。

【例 3.6】　生肖是中国传统文化中的一种计时方法，用来表示年份的循环。每个生肖代表一个特定的动物，并按照一定的顺序排列，这些动物分别是：鼠、牛、虎、兔、龙、蛇、马、羊、猴、鸡、狗和猪。编写程序可以根据用户输入的年份，输出该年的生肖。

```c
#include <stdio.h>
int main() {
    int year;
    printf("请输入一个年份:");
    scanf("%d", &year);
    printf("该年的生肖是:");
    switch (year % 12)
    {
        case 0:
            printf("猴\n");
            break;
        case 1:
            printf("鸡\n");
            break;
        case 2:
            printf("狗\n");
            break;
        case 3:
```

```
            printf("猪\n");
            break;
        case 4：
            printf("鼠\n");
            break;
        case 5：
            printf("牛\n");
            break;
        case 6：
            printf("虎\n");
            break;
        case 7：
            printf("兔\n");
            break;
        case 8：
            printf("龙\n");
            break;
        case 9：
            printf("蛇\n");
            break;
        case 10：
            printf("马\n");
            break;
        case 11：
            printf("羊\n");
            break;
    }
        return 0；
}
```

【例 3.7】　使用 switch...case 实现的一个基本菜单程序用作软件的菜单，在这个程序中，用户可以通过输入数字 1～4 选择对应的操作，如果用户输入的数字不在 1～4 之间，程序将输出"无效的选项!"。

```
#include <stdio. h>
int main() {
    int choice；
    printf("********** 菜单 **********\n");
    printf("1. 新建项目\n");
    printf("2. 打开项目\n");
    printf("3. 保存项目\n");
    printf("4. 关闭项目\n");
    printf("************************\n");
    printf("请选择操作(输入数字 1～4):");
    scanf("%d", &choice);
```

```
switch (choice) {
    case 1:
        printf("您选择了新建项目。\n");
        // 这里可以添加对应操作的代码
        break;
    case 2:
        printf("您选择了打开项目。\n");
        // 这里可以添加对应操作的代码
        break;
    case 3:
        printf("您选择了保存项目。\n");
        // 这里可以添加对应操作的代码
        break;
    case 4:
        printf("您选择了关闭项目。\n");
        // 这里可以添加对应操作的代码
        break;
    default:
        printf("无效的选项！\n");
        break;
    }
        return 0;
}
```

分析：这个程序中，用户可以通过输入数字 1～4 选择对应的操作。switch 语句将检查 choice 变量的值，并执行与该值匹配的 case 下的代码。在后期的项目案例开发过程中，大部分案例的主函数都包含菜单选择的功能。

3.3　强大高效的循环结构

计算机最擅长做什么类型的工作呢？计算机真正擅长的就是执行大规模重复性的任务，特别是涉及数据量大的计算和处理问题。对于这类问题，人工可能需要花费数小时、数天甚至更久时间才能完成的任务，计算机往往只需几秒钟或者几分钟。C 语言中提供的循环结构语法，是专门用来处理大规模重复性任务的；循环结构使得计算机可以在一定条件下反复执行同一块代码，这对于许多任务如排序、搜索、数据分析等来说极为重要。对于复杂的问题，通常需要综合使用多种不同的程序结构，包括但不限于循环，以达到最优解决方案。

在编写程序时，经常遇到很多问题是重复执行的：比如输出 1～100 之间所有的整数，当使用非循环语句时：

```
# include <stdio.h>
int main() {
    printf("1\n");
    printf("2\n");
```

```
        printf("3\n");
        printf("4\n");
        printf("5\n");
        ……
        return 0;
    }
```

我们知道，输出语句是 printf 语句；当需要打印的数字数量较少时，可能写起来更直观，但是每打印一行数字就需要添加一行代码，当前程序需要打印 100 个数字，程序员需要罗列 100 条输出语句来实现，这非常不方便。这样处理工作量大，程序冗长，难以阅读维护，是不可取的！我们考虑能否控制这个语句自己重复执行若干次？这个实现方法就是使用循环结构来完成程序撰写：

```
#include <stdio.h>
int main() {
    for (int i = 1; i <= 5; i++) {
        printf("%d\n", i);
    }
    return 0;
}
```

使用循环结构，程序简洁，只需要几行代码就可以完成任务。如果需要打印的数字范围变大，比如从 1 打印到 10000，代码不需要任何改动，只需要修改 for 循环的终止条件即可。综上所述，虽然在这个特定的例子中两种方法都可以完成任务，但是在处理大规模数据或执行重复任务时，使用循环语句通常会更有效率，使代码更简洁。

3.3.1 循环语句的三种形式

1. while 循环

while 循环是一种在 C 语言（以及其他许多编程语言）中常见的循环控制结构，它的基本形式如下：

```
while (循环条件)
    { // 重复执行的操作
    }
```

功能：先判断表达式，若为真，则执行循环体，再判断表达式，重复上述过程，直到表达式为假时退出循环。这个结构中，循环条件是一个条件判断表达式，如果其成立，那么循环就会执行。在每次迭代后，循环条件将被重新评估。只要循环条件保持成立，程序就会继续执行循环内的代码。当循环条件转变为不成立的时候，循环将停止，并且控制权将转移到 while 循环之后的代码。

【例 3.8】 用 while 语句来实现上面的重复输出问题。

分析：设置一个整形变量 i 用来做循环控制变量，让 i 来计数，初始化 i 为 1，只要 i 的值小于或等于 100，就打印出 i 的值并增加 i 的值，i 在每次执行完输出数字后需要自增 1。当 i 大于 100 时，退出循环，循环此时停下来，循环控制表达式可以表示为 i<=100。

在这段代码中，我们发现在使用 while 循环时，应确保在循环体内部有更新条件的逻辑，否则可能会导致无限循环。

```
#include <stdio.h>
int main() {
    int i = 1;
    while (i <= 100)
    {
        printf("%d\n", i);
        i++;
    }
    return 0;
}
```

由此可以看出，要构造循环结构，一般需要一个做循环控制的变量，该循环控制变量需要有初始值使循环判断条件能进行第一次的判断，此循环控制变量一般会按照某个规律进行变化，这个变化使得循环控制条件趋于结束，使循环最终能停下来，否则就变成了死循环。

【例 3.9】 使用 while 语句实现 1~100 的偶数求和问题。

这个程序使用 while 循环来迭代从 2 开始的每个偶数，并累加到一个变量 sum 中。最后，使用 printf 函数将结果打印出来。程序执行完毕后，你将在终端上看到输出结果，即 1~100 之间的偶数的和。流程图及代码如下：

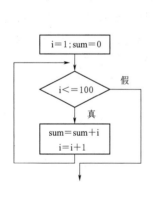

```
#include <stdio.h>
int main()
{
    int i;
    int sum = 0;
    for(i = 2; i <= 100; i += 2)
    {
        sum += i;
    }
    printf("1~100 的偶数和为:%d\n", sum);
    return 0;
}
```

图 3.6 用 while 表达流程图

关于 while 循环语句：

(1) 确保循环有确切的结束条件：如果没有正确的结束条件，while 循环可能会无限执行下去，这将导致程序崩溃。循环结束时，其一是由于循环条件不满足，其二是由于循环体内遇到了 break 语句。

(2) 谨慎处理嵌套循环：当一个循环结构位于另一个循环的内部时，称为循环嵌套。虽然有时候必须使用循环嵌套，但过多的嵌套层级可能会使代码难以理解和维护。

(3) while 循环先判断条件表达式，后执行循环体。如果第一次发现循环条件就不满足要求，那么循环体有可能一次也不执行。

（4）循环体若包含一条以上语句的复合语句块，应该用｛｝括起来整个复合语句块。

2．do……while 语句

do……while 是另外一种循环控制语句，它首先执行循环体内的代码块，然后再检查循环条件。如果条件为真，则重复该过程；如果条件为假，那么结束循环，继续执行 do……while 之后的代码。do……while 语句实现先执行后判断的循环结构。

一般形式如下：

```
do
{// 循环体
} while（循环条件）；
```

功能：上述语法中的循环条件是编程时设置的循环判断条件，即在什么情况下循环应该继续执行。注意，这个条件表达式虽然放在循环体之后，但仍然和 while 语句一样是循环继续的条件。且由于 do……while 是执行一次循环体后，再测试循环条件，所以无论条件是否满足，循环体至少会执行一次。如果循环条件判断为不成立，循环结束。例 3.6 即是用 do……while 来表达，如图 3.7 所示。

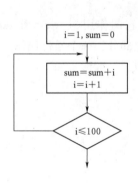

```c
#include <stdio.h>
int main() {
int i = 2;
int sum = 0;
do {
sum += i;
i += 2;
} while(i <= 100);
printf("1~100 的偶数和为:%d\n", sum);
return 0;
```

图 3.7　用 do……while 表达流程图

【**例 3.10**】　比较 while 和 do……while 的不同。

```c
while 循环版本
#include <stdio.h>
int main()
{
    int i = 10;
    while(i < 5)
    {
        printf("%d\n", i);
        i++;
    }
    return 0;
}
```

do······while 循环版本

```
#include <stdio.h>
int main()
{
    int i = 10;
    do {
        printf("%d\n", i);
        i++;
    } while(i < 5);
    return 0;
}
```

在 while 版本的例子中，由于初始时 i>5，所以 while 循环的条件就不满足，因此循环体一次也不执行；在 do······while 版本的程序，即使初始的 i 值为 10 不满足循环条件 i < 5，由于 do······while 是在循环体执行后才去检查循环条件，所以循环体还是会被执行一次，输出 10。这就是 while 循环和 do······while 循环的主要区别："先判断再执行"与"先执行再判断"。

3. for 语句

for 语句是 C 语言中最为灵活，使用最广泛的循环语句，它的作用与 while 和 do······while 一样可以重复执行某段代码。for 循环的结构由一个初始化部分、一个条件测试、一个循环后的操作（如增量或减量）和一个要重复执行的代码块组成。一般形式如下：

```
for(表达式1初始条件；表达式2循环条件；表达式3增量)
    {
        //重复执行部分
    }
```

初始值：在循环开始之前执行，通常用于设置计数器。

循环判断条件：在每次循环迭代之前进行测试。如果为真，则执行循环体；如果为假，则退出循环。

增量：在每次循环迭代完成后执行，通常用于更新计数器。

如［例 3.6］用 for 循环完成打印数字 1~100。

```
#include <stdio.h>
int main() {
    int i;
    for(i = 1; i <= 100; i++)
    {
        printf("%d\n", i);
    }
    return 0;
}
```

for 语句的几种形式说明：

（1）省略表达式 1：应在 for 之前为变量赋初值。

（2）省略表达式 2：循环条件始终为"真"，循环不终止。

（3）省略表达式 3：应另外设法使程序能够结束。

（4）省略表达式 1 和表达式 3：完全等同于 while 语句。

（5）三个表达式都省略：无初值，不判断条件，循环变量不增值，死循环。

在 C 语言中，for、while 和 do……while 三种循环结构都有其各自的应用场景，使用频率也会因为具体问题和程序员的编程习惯而差别。

（6）for 循环：由于其结构清晰，初始化、条件检测和迭代操作都在循环头部定义，所以非常适合处理已知迭代次数的循环，例如遍历数组或列表等。在实际编程中，你可能会发现 for 循环是最常用的循环结构。

（7）while 循环：当循环次数未知，只依赖于特定条件（通常涉及某些逻辑或数据值）时，while 循环是一个很好的选择。比如，读取文件直到文件末尾，或者等待用户输入等情况。

（8）do……while 循环：do……while 是一种后测试循环，至少会执行一次循环体，无论条件是否满足。所以在需要先执行操作，然后再判断的情况下通常会使用 do……while 循环，如菜单驱动的交互程序，其中至少需要展示一次菜单。

4. 循环的嵌套

一个循环体内又包含了另一个完整的循环结构，称为循环的嵌套。你可以把任何类型的循环（for、while 或 do……while）嵌套在其他循环内部，三种循环可以互相嵌套，层数不限。

【例 3.11】 使用嵌套 for 循环打印出一个 5×5 的星号（＊）方阵。

思考使用上面讲过的循环结果可以用 for，while，do……while 任意一个实现。重复5 行输出（＊＊＊＊＊）

```
inti;
for(i=1;i<=5;i++)
    printf("＊ ＊ ＊ ＊ ＊\n");
printf("\n");
```

用这段代码中的 printf("＊＊＊＊＊\n");这句代码，这次用 for 语句来实现：

//用 for 语句来实现

```
#include <stdio.h>
int main()
{
    int i,j;
//i 就是用来控制外层循环的变量
    for(i=1;i<=5;i++)
    {//j 就是用来控制内层循环的变量
        for(j=1;j<=5;j++)
            printf("＊ ");

        printf("\n");
```

```
    }
    return 0;
}
```

//用 while 语句来实现

```
#include <stdio. h>
int main()
{
    int i = 0;
    int j;
    while(i < 5)
      {
        j = 0;
        while(j < 5)
        {
            printf(" * ");
            j++;
        }
        printf("\n");
        i++;
      }
    return 0;
}
```

//用 do……while 语句来实现

```
#include <stdio. h>
int main()
{
    int i = 0;
    int j;
    do {
        j = 0;
        do {
            printf(" * ");
            j++;
        } while(j < 5);

        printf("\n");
        i++;
    } while(i < 5);
    return 0;
}
```

　　由此可以看出循环嵌套的运行机制：外层循环一次，内层循环一圈。并且可以把任何类型的循环（for、while 或 do……while）嵌套在其他循环内部。

3.3.2 break 语句和 continue 语句

1. break 语句

功能：在 C 语言中，break 语句用于立刻终止当前块的执行，包括所有类型的循环（for、while、do...while）以及 switch 语句。在循环语句和 switch 语句中，终止并跳出循环体或多分支结构。

在〔例 3.9〕中 break 的作用

```c
#include <stdio.h>
int main()
{
    for(int i = 0; i < 10; i++)
    {
        if (i == 5)
        {
            break;
        }
        printf("%d\n", i);
    }
    return 0;
}
```

说明：

在这个例子中，循环会从 i＝0 开始重复迭代执行，每次执行时都会检查 i 是否等于 5。如果 i 等于 5，break 语句就会被执行，此时循环立即结束，不再进行迭代执行，所以这段代码只会打印出 0 到 4。对于 switch 语句，break 通常被用于结束每个 case 代码块的执行，防止顺序执行下一个 case。需要注意的是，break 只能结束最内层的循环或当前层的 switch 语句。如果你在嵌套的循环中使用 break，它将只结束内层循环，外层循环将继续执行。

【例 3.12】 当前代码是一个简单的游戏关卡设置，游戏共计两个关卡，每个关卡输入密码错误，游戏都会提前结束。

```c
#include <stdio.h>
int main()
{
    int i, j, outer, inner,a[2]={34,56};
    int innerpwd,outerpwd,flag1,flag2;
    outer = 1;
    while (outer <= 3)
    {
        flag1=0;
        flag2=0;
        printf("欢迎进入第%d轮游戏\n",outer);
        inner = 1;
        while (inner <= 3)
        {
```

```
        printf("请输入第一关游戏密码\n");
        scanf("%d",&innerpwd);
      if (innerpwd==34)
      {
        printf("你已猜对第一关游戏密码,欢迎进入第二关卡\n");
        flag1=1;
        break;//第一关密码正确,本 inner 控制的循环提前结束
      }
      printf("你仅剩%d 次输入的机会\n",3-inner);
        inner++;
    }
    if (flag1==0)
  {
      printf("你没正确输入第一关游戏密码,提前结束游戏,无法进入二关卡\n");
      break;//第一关密码错误,外层循环提前结束
  }
  else
  {
  inner = 1;
  while (inner <= 3)
  {   printf("请输入第二关游戏密码\n");
        scanf("%d",&innerpwd);
      if (innerpwd==56)
    {
        printf("你已猜对第二关游戏密码\n");
      flag2=1;
        break;
    }
      printf("你仅剩%d 次输入的机会\n",3-inner);
      inner++;
    }
  if (flag2==0)
    {
        printf("你没猜对第二关游戏密码,游戏结束\n");
        break;
    }
  }
  }
    outer++;
  }
    return 0;
}
```

说明:以上代码实现了一个简单的游戏,玩家需要猜测两个关卡的密码才能进入下一关。下面对代码功能进行分析:

(1)定义了变量 i、j、outer、inner 和数组 a[2],并初始化 outer 为 1。

(2)外层循环 while(outer <= 3)控制游戏的轮数,在每一轮中进行密码猜测。

（3）在每一轮中，通过内层循环 while（inner <= 3）进行密码输入和判断。

（4）内层循环首先要求玩家输入第一关游戏密码，如果玩家输入正确（34），则输出提示信息，并设置`flag1`为 1，然后使用`break`语句结束内层循环。

（5）如果玩家没有猜对第一关游戏密码，则输出错误提示信息，并使用`break`语句结束外层循环。

（6）如果玩家成功通过第一关，进入第二关，再次通过内层循环输入密码，并进行判断。

（7）如果玩家在第二关猜对密码（56），则输出提示信息，并设置 flag2 为 1，使用 break 语句结束内层循环。

（8）如果玩家没有猜对第二关密码，则输出错误提示信息，并使用 break 语句结束外层循环。

（9）如果成功通过了所有关卡，外层循环会继续执行，即进行下一轮游戏。

（10）游戏结束后，返回 0 并退出程序。

总的来说，这段代码实现了一个简单的游戏，玩家需要在每个关卡中猜对密码才能进入下一关。使用了 break 语句来提前结束内层和外层循环，以达到游戏流程控制的目的。

2. Continue 语句

功能：结束本次循环，跳过循环体中尚未执行的语句，进行下一次是否执行循环体的判断。continue 语句仅用于循环语句中。

break 和 continue 语句的区别：

continue 语句只结束本次循环，break 语句则是结束整个循环。

continue 语句只用于 while、do - while、for 循环语句中，break 语句还可以用于 switch 语句中。

【例 3.13】 输出 100~200 之间不能被 3 整除的数。

```c
#include <stdio.h>
int main()
{
    int i;
    for(i=100;i<=200;i++)
    { if(i%3==0)
            continue;
        printf("%d\n",i);
    }
    return 0;
}
```

3.4 函数助力高质量代码

3.4.1 什么是自定义函数

开发人员在面对复杂工程问题求解时，往往要面对较多的复杂任务和工作流程亟待解决。为分解复杂度，在 C 语言中，通常采用模块化程序设计方法，也就是将一个大问题

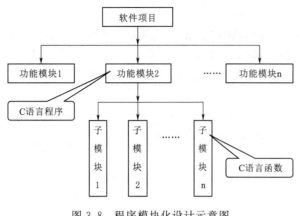

图 3.8　程序模块化设计示意图

分解成若干个比较容易求解的多个相对独立小问题，每个小问题负责完成某个具体任务。复杂问题经过分解后，既可以降低问题复杂度，也使得开发人员能够并行工作，各自负责一个或几个小问题。这些小问题，最终形成多个独立的系统子模块，最后再把所有的子模块集成装配起来，这就是模块化程序设计的思想。总的来说，模块化程序设计通过将复杂的问题分解为更小、更可管理的模块，简化了开发过程，提高了代码的可重用性和可维护性，同时管理了复杂度，并促进了团队合作。C语言提供的自定义函数功能便是模块化的有效工具，每个自定义函数都是一个模块，为实现某个具体任务而定义。

函数助力高质量代码：

（1）需要模块化代码时：如果需要将代码分成不同的模块，以便于维护和修改，可以将每个模块封装成一个自定义函数。

（2）需要重复使用代码时：如果有一段代码需要在程序中多次重复使用，可以将这段代码封装成一个自定义函数，以便在需要时直接调用。

（3）需要简化代码时：如果一段代码比较复杂，不容易阅读和维护，可以将这段代码封装成一个自定义函数，通过函数名称和参数说明来简化代码。

（4）需要隐藏实现细节时：如果需要隐藏函数的实现细节，只暴露必要的接口，以便于保护函数的内部实现，可以使用自定义函数。

总之，自定义函数是一种非常有用的编程工具，可以在很多情况下提高代码的质量和效率。C是函数式语言，必须有且只能有一个名为 main 的主函数，C程序的执行总是从 main 函数开始，在 main 中结束，但是可以有很多个自定义函数，以实现高质量代码。

3.4.2　函数的定义和使用

数学中函数的定义：在以往的学习中，我们对数学中的函数有较长时间的认识，数学中的函数是一种描述一个或多个变量之间关系的规则或操作。更精确地说，数学中的函数是由输入（或称为自变量）映射到输出（或称为因变量）的关系。数学中函数的定义通常形式如下：$y = f(x)$，其中"f"是函数名，"x"是输入值（自变量），"y"是输出值（因变量），代表基于输入 x 经过 f 函数运算得到的结果。例如，我们可以定义一个函数 $f(x) = 2x + 1$，这意味着对于任何给定的输入 x，输出的结果 y 将是将 x 值乘以 2 再加上 1。

计算机语言中的函数的定义：C语言中的函数，跟数学中的函数非常相似，自定义函数也是一个描述具体功能的操作，描述是参数与返回值关系，参数类似于数学里的自变量，而返回值则是因变量。具体在定义时，函数包含一个函数头和一个函数体，相对直观，具体示例如下：

```
// 函数定义
int add(int num1, int num2)
{
    return num2 + num2;
}
```

用以上代码定义一个名为 add 的函数，该函数接收两个整数作为参数，并返回它们的和。在这个例子中：

– add 是定义的函数名称。

– int num1，int num2 是函数的参数，也就是提供给函数以便于执行其任务的输入值。函数参数一般是调用此自定义函数的程序传递过来给自定义函数做运算的值，没有一般不写。

– int 是函数返回的数据类型，在这个例子中返回一个整数，即输入的两个整数的和。

– return 关键字用于指明函数的返回值。返回值是返回给别的程序的值，用 return 语句表达，一个函数只能有一个返回值，返回值的类型决定函数的类型，没有返回值就在函数前写 void。

函数的运行机制：在 C 语言中，函数的执行需要通过函数调用来实现，函数定义后，如果不被调用，是不会执行的。函数调用是指在程序中指定并运行已定义的函数，具体示例如下：

```
#include <stdio.h>
// 函数声明
int add(int num1, int num2);
int main()
{
    // 函数调用,并将结果赋值给 sum
    int sum = add(10, 20);
    // 打印结果
    printf("The sum is: %d\n", sum);
    return 0;
}
// 函数定义
int add(int num1, int num2)
{
    return num1 + num2;  // 返回两数之和
}
```

函数通过名字进行调用，程序运行过程时总是从 main 函数开始，自上而下运行程序，如果遇到了函数的名字会跳转到函数所在的位置转而执行函数的语句，函数执行完毕后返回 main 函数中原来的位置，继续执行 main 函数中的下一条，所有语句执行完毕后，在 main 函数中的 return 0 位置结束。函数如果定义在 main 函数之前不需要申明，但人们总是习惯将函数写在主函数之后或其他位置，故需要在函数运行前进行申明，告知主程序后面会有这样一个函数，调用时到后面进行查找执行。

【例 3.14】 开发一个金融小软件，输出账户余额，并计算按照活期类型一年的收益。根

41

据参数和返回值的有无，展示三种类型不同的函数：无参无返回、无参有返回、有参有返回。

打印欢迎信息：采用无参无返回值函数处理。

生成一个随机数模拟账户余额：采用无参有返回值的函数定义

按照活期利息计算一年收益：采用有参有返回值的函数处理。

```c
#include <stdio.h>
#include <stdlib.h>
#include <time.h>
// 函数声明
voidPrmessage();
doubleAccbalance();
double CalInterest(double balance);
int main() {
    // 打印欢迎信息
    Prmessage();
    // 生成一个随机账户余额
    double balance = double Accbalance();
    printf("你的账户余额为：%.2f\n", balance);
    // 计算利息并打印
    double interest = CalInterest(balance);
    printf("活期一年的利息为：%.2f\n", interest);
    return 0;
}
// 打印欢迎信息
void Prmessage() {
    printf("欢迎进入你的账户！\n");
}


// 生成一个随机账户余额
double Accbalance() {
    srand(time(0));  // 初始化随机数生成器
    return rand() % 10000 + 500;  // 返回一个 500~10000 之间的随机数
}
// 根据余额计算利息
double CalInterest(double balance)
{
    double interestRate = 0.015;  // 假设年利率为 1.5%
    return balance * interestRate;  // 利息 = 余额 * 利率
}
```

无参无返回函数：打印欢迎信息，采用无参无返回值函数处理、此类型是最简单的一种函数，数据的来源和处理都在函数内部实现，由于没有返回值，函数的类型为 void，数据一般通过输出实现，这类函数与一般的程序写法接近，通过名字调用。

无参有返回函数：生成一个随机数模拟账户余额的功能采用无参有返回值的函数处

理，函数内的数据将通过 return 语句进行传递，传递给主函数或者调用此函数的其他程序，返回值的类型决定了函数的类型，所以这题中由于返回值 d 是 double 类型，所以函数也是 double 类型。

有参有返回函数：这种函数是最常见、最重要的函数，数据传递给函数，函数进行处理成程序员想要的结果返回在别处使用，给出具体的参数就能得到我们想要的处理后的结果。

【例 3.15】 用 C 语言完成以下例子编程，展示自定义函数可以重复利用的优点：输入两个整数，分别计算两个数的数字之和，求出谁的数字之和最大。

方案 1：可以定义一个函数 sum Of Digits 来计算一个数字的各位数字之和，然后在 main 函数中调用这个函数来比较两个数的数字之和。

```c
#include <stdio.h>
#include <stdlib.h>
// 自定义函数声明:计算一个数的各位数字之和
intsumDigits(int num);
int main() {
    int num1, num2;
    printf("请输入第一个数: ");
    scanf("%d", &num1);
    printf("请输入第二个数: ");
    scanf("%d", &num2);
    // 调用自定义函数计算各位数字之和
    int sum1 = sumDigits(num1);
    int sum2 = sumDigits(num2);
    printf("第一个数的数字之和%d: %d\n", num1, sum1);
    printf("第二个数的数字之和%d: %d\n", num2, sum2);
    if(sum1 > sum2) {
        printf("%d 是数字之和比较大的数.\n", num1);
    } else if(sum2 > sum1) {
        printf("%d 是数字之和比较大的数.\n", num2);
    } else {
        printf("两个整数的数字之和一样大\n");
    }
    return 0;
}
// 自定义函数定义:计算一个数的各位数字之和
int sumDigits(int num)
{
    int sum = 0;
    num = abs(num);  // 处理负数
    while(num > 0) {
        sum += num % 10;  // 添加最后一位数字
        num = num / 10;  // 移除最后一位数字
    }
```

```
        return sum;
    }
```

方案 2：如果不使用自定义函数，则需要在每次计算一个数的各位数字之和时重复相同的代码。这会导致大量的冗余，并使得代码更难理解和维护。以下是不使用自定义函数的程序版本。

```
#include <stdio.h>
#include <stdlib.h>
int main() {
    int num1, num2;
    printf("Enter the first number: ");
    scanf("%d", &num1);
    printf("Enter the second number: ");
    scanf("%d", &num2);
    // 计算第一个数的各位数字之和
    int temp1 = abs(num1);
    int sum1 = 0;
    while(temp1 > 0) {
        sum1 += temp1 % 10;
        temp1 = temp1 / 10;
    }
    // 计算第二个数的各位数字之和
    int temp2 = abs(num2);
    int sum2 = 0;
    while(temp2 > 0) {
        sum2 += temp2 % 10;
        temp2 = temp2 / 10;
    }
    printf(" %d 的数字之和为：%d\n", num1, sum1);
    printf(" %d 的数字之和为：%d\n", num2, sum2);
    if(sum1 > sum2) {
        printf("%d 是数字之和较大的那个 .\n", num1);
    } else if(sum2 > sum1) {
        printf("%d 是数字之和较大的那个 .\n", num2);
    } else {
        printf("两个整数的数字之和相等 .\n");
    }
    return 0;
}
```

在方案 1 的程序中对其进行了两次调用，处理了两个不同的输入。这就是函数重用的强大之处，它使我们能够编写一次逻辑，然后在需要的任何地方使用该逻辑。

在方案 2 中，必须复制粘贴代码来计算两个数的各位数字之和。如果需要处理多个数字，或者在程序中的其他地方再次执行类似的任务，这种方法将变得更加低效和混乱。

3.4.3　数的递归调用

递归调用是指函数在执行过程中调用自身的一种编程技巧。通常用于解决可以被分解为多个相似子问题的案例。递归必须有一个明确的终止条件，以防无限递归导致栈溢出错误。递归提供了一种优雅的解决问题方式，但它也可能导致大量的函数调用开销和内存使用，特别是对于那些深度递归的场景。因此，在选择使用递归时，应当考虑其效率和可行性。使用递归应注意终止递归的条件，防止无止境地调用，一般采用如下方式：

$$用\ if\ 语句控制\begin{cases}条件成立，进行递归\\条件不成立，结束递归\end{cases}$$

【例 3.16】　阶乘问题。

数学模型：$f(n)=\begin{cases}1 & (n=0)\\n*factorial\ (n-1) & (n>=1)\end{cases}$

```
int factorial(int n) {
    if (n == 0)   // 基本条件
        return 1;
    else          // 递归步骤
        return n * factorial(n - 1);
}
```

第 4 章

九层之台，起于垒土——项目准备知识

4.1 图形图像编程

C语言本身是一种结构化编程语言，它不直接支持图形编程。然而，通过使用图形库或API，你可以在C语言程序中创建和操作图形。这些图形库为绘制图形、处理图像提供了函数或工具，近年来，常用的图形库为OpenGL和SDL。进行图形编程时，需要安装和配置图形库可能需要额外的步骤，如链接动态库或设置特定的编译器选项。尤其是实时应用（如游戏），对性能有较高要求，也需要理解图形库的工作原理，以便有效地优化程序。图形化编程是计算机科学中的一个重要分支，广泛应用于游戏开发、动画制作、模拟仿真、工业设计、虚拟现实等领域。

4.1.1 显示系统简介

PC机显示系统一般由显示器和图形处理器（GPU）组成，显示器是独立于主机的一种外部设备。GPU是插在PC机主板上的一块集成电路，负责处理复杂的图形和图像计算，提高图形处理的效率和速度。PC机对显示屏幕的所有操作都是通过显示卡来实现的。显示系统的主要特性如下。

1. 显示分辨率

分辨率是描述显示设备显示图像清晰度的一个重要参数，它通常由两部分组成：水平像素数和垂直像素数。分辨率的表示格式通常是"宽度×高度"，例如1920×1080，意味着屏幕横向有1920个像素点，纵向有1080个像素点。通常，高分辨率的显示效果比低分辨率的显示效果好。但是，显示分辨率的提高对显示器与显示卡的软硬件要求更高。特别是分辨率的提高在很大程度上受到显示器的显示尺寸和扫描频率的限制，也受到显示卡的显存的限制。

2. 显示速度

显示速度是指在屏幕上显示图形和字符的速度。显示速度与显示分辨率和显示器的扫描频率密切相关。显示分辨率越高，整个屏幕上的像素点数越多，显示速度就越慢。在这种情况下，为了提高显示速度，就需要提高扫描频率。

如果显示器只有一种扫描频率，则它只能与一种显示卡相匹配使用。随着显示技术的发展，目前一般的显示器可以适应具有多种分辨率与显示速度的显示卡。

颜色与灰度是衡量显示系统的重要参数。单色显示器只有亮和暗两种灰度；彩色显示器的颜色和灰度要受显示内存的限制，分辨率越高，颜色越丰富，所需要的显示内存就越多。

3. 图形显示能力

图形显示能力是显示系统对屏幕上的每一个像素点都可以设置成不同的值的能力。通常，图形显示对硬件的要求比字符显示要求高得多，同时，图形显示对显示缓冲区的要求也比字符显示时高得多。

4.1.2 图形库基础

C 语言本身是一种通用编程语言，并没有直接内置图形处理的功能。可以通过使用各种图形库来实现图形处理和显示功能。为了进行图形或图像处理，C 程序员通常会依赖于第三方库，如前面提到的 OpenGL、SDL、Allegro 或 Cairo 等。这些库提供了丰富的 API 来创建和操作图形界面、渲染图形以及处理图像数据。

虽然 C 标准库中没有直接支持图形图像处理的函数，但可以使用标准库函数作为基础，编写代码加载或操作图像数据（例如，通过处理二进制文件读写位图图像）。然而，对于复杂的图形处理任务，直接使用专门的图形库会更加高效和方便。

例如，处理一个简单的位图图像（BMP 格式）的示例可以通过读取文件、解析文件头和像素数据等步骤手动完成，但这需要对图像文件格式有深入的理解。相比之下，使用图形库可以大大简化这一过程，使得开发者能够更专注于图形应用的逻辑部分，而不是底层的数据处理细节。

总之，尽管 C 标准库本身不提供图形图像处理功能，但强大的第三方图形库补足了这一空缺，使得 C 语言在图形程序开发领域仍然具有广泛的应用。

1. OpenGL

OpenGL（Open Graphics Library）是一个跨平台的图形 API，它提供了一套标准的接口用于开发 2D 和 3D 图形应用程序。自从 1992 年首次发布以来，OpenGL 已经成为最受欢迎的图形编程接口之一。OpenGL 被用于构建复杂的 3D 环境、游戏图形、科学可视化以及虚拟现实应用等。由于其强大和灵活的特性，它是专业级图形程序开发的首选 API 之一，OpenGL 具有以下特点：

（1）跨平台性：支持 Windows、Linux、Mac OS X 等多种操作系统。

（2）底层访问：允许直接与图形硬件交互，提供高效的图形渲染能力。

（3）扩展性：随着硬件技术的发展，OpenGL 通过扩展库不断增加新的功能。

2. SDL

SDL（Simple DirectMedia Layer）是一个跨平台开发库，设计用于提供对音频、键盘、鼠标、游戏手柄以及图形硬件的底层访问。SDL 主要用于视频游戏和多媒体应用的开发，但其简单而强大的特性也使其在其他需要图形、声音和输入设备处理的程序中得到应用。SDL 被广泛用于 2D 游戏的开发、多媒体播放器、模拟器等软件的构建。它的高效性和简单易用性使得开发者可以快速搭建原型并进行迭代开发，SDL 具有以下特点：

跨平台性：同样支持包括 Windows、Linux、Mac OS X 在内的多种操作系统。

易用性：提供一套简洁的 API，便于快速开发多媒体和游戏应用。

灵活性：除了基础的 2D 图形渲染功能，SDL 还可以与 OpenGL 结合使用，以支持复杂的 3D 图形渲染。

轻量级：核心库保持简单轻量，但可以通过附加模块扩展更多功能。

4.1.3 图形库配置

OpenGL 和 SDL 都是用于图形编程的库，但它们各有侧重：OpenGL 更注重提供底层的图形渲染能力，适合需要直接控制图形硬件以实现高性能渲染的应用。

SDL 则提供了一套更高级的抽象，使得开发者可以更容易地处理图形、声音和输入设备，适合快速开发游戏和多媒体应用。这两个库可以独立使用，也可以结合起来使用，根据项目的具体需求来选择最合适的工具。本节介绍在 Dev－C＋＋中配置和使用 Open-GL 库和 SDL 库的过程。

1. SDL 库的配置

（1）首先下载 SDL2－devel 库，并解压到某个文件夹中。如图 4.1～图 4.3 所示，将库文件解压到 C 盘根目录中。整个库包含若干个文件夹，若干说明文件，配置过程将使用 i686－w64－mingw32 这个文件夹中的相关文件。

图 4.1 文件目录

（2）打开 Dev－C＋＋软件，并点击工具栏的"工具"，在下拉菜单中选择"编译选项"，在弹出的对话框中进行相关配置。

（3）在编译器配置中选择"TDM－GCC 9.2.0 32－bit Debug"进行配置。首先在连接器命令中加入相关库的编译指令，具体主要使用图像相关库的导入命令：

－static－libgcc　－lmingw32　－liconv　－lSDL2main　－lSDL2　－lSDL2_image　－lSDL2_mixer　－lSDL2_ttf

（4）点击目录选项卡，配置库的路径和包含的头文件路径。库的路径配置如图 4.4 所示，首先选择"库"选项卡，点击选项卡的路径选择按钮，在打开的文件路径对话框中，选择我们之前解压的 sdl 库文件夹，选择 i686－w64－mingw32 文件夹下的 lib 文件夹，单击"确定"，就完成了库文件路径的配置。

（5）包含的头文件路径的配置过程与库路径的配置基本相同，如图 4.5 所示。首先选择"C 包含文件"选项卡，点击选项卡的路径选择按钮，在打开的"文件路径"对话框

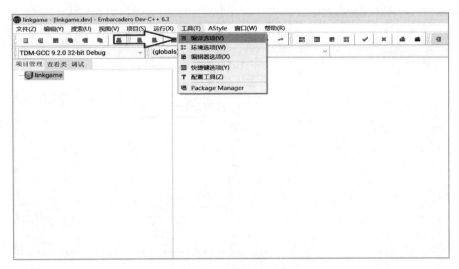

图 4.2　文件目录

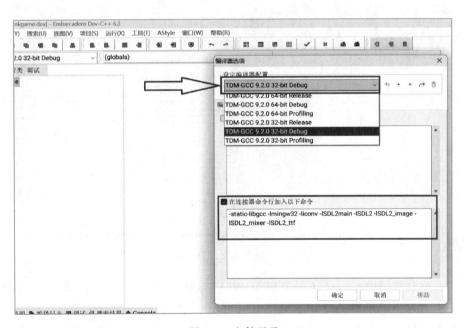

图 4.3　文件目录

中，选择之前解压的 sdl 库文件夹，选择 i686 – w64 – mingw32 文件夹下的 include 文件夹，点击确定，就完成了包含文件路径的配置。

2. OPENG 库的配置

（1）在目录 C：\ Windows \ System32 与 C：\ Windows \ SysWOW64 中必须包含以下四个文件：glu32. dll、glut32. dll、glut. dll、opengl32. dll（图 4.6 和图 4.7）。

（2）在安装目录中 \ Dev – Cpp \ MinGW64 \ x86_64 – w64 – mingw32 \ include \ GL 必须包含以下三个库文件：gl. h、glu. h、glut. h（图 4.8）。

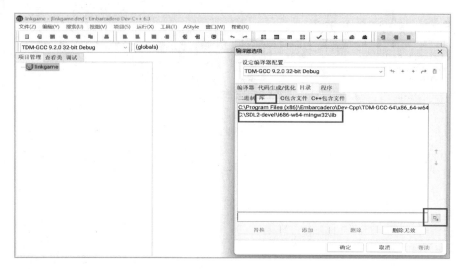

图 4.4　库目录配置

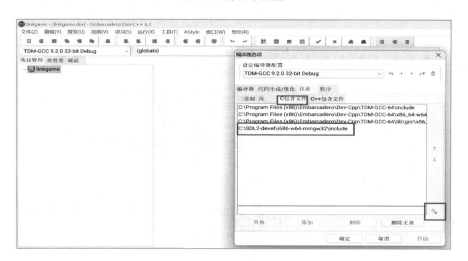

图 4.5　包含头文件目录配置

（3）在安装目录中 \ Dev‑Cpp \ MinGW64 \ x86_64‑w64‑mingw32 \ lib 中需要包含以下 4 个文件：libglu32. a、libglut32. a、libglut. a、libopengl. a（图 4.9）。

（4）配置结束，在 Dev‑C++，创建一个 OpenGL 项目，部分环境还需要修改项目属性和修改编译内核，大家可以根据情况自行确定（图 4.10）。

4.1.4　图形库函数

SDL（Simple DirectMedia Layer）非常适合开发模拟器、游戏等视觉媒体软件，实现对图像的处理控制、实现二维图形的绘制。以下是几个在 SDL 开发中经常使用的函数。

1. 环境初始化函数

int SDL_Init(Uint32 flags);

参数 flags 是需要初始化的环境类型，可以选择的值有 SDL_INIT_TIMER（定时器），SDL_INIT_AUDIO（音频），SDL_INIT_VIDEO（视频），SDL_INIT_JOYSTICK

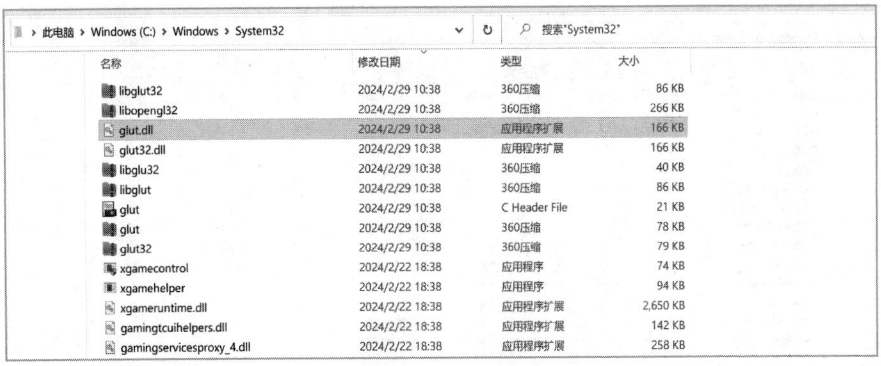

图 4.6　文件目录

图 4.7　文件目录

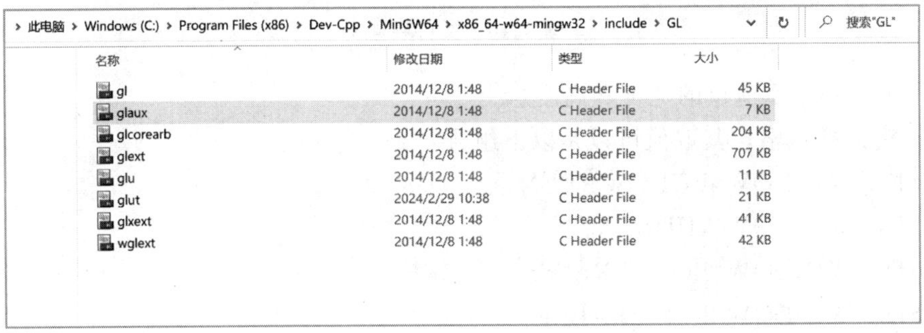

图 4.8　文件目录

（摇杆），SDL_INIT_HAPTIC（触摸屏），SDL_INIT_GAMECONTROLLER（游戏控制器），SDL_INIT_EVENTS（事件），SDL_INIT_NOPAEACHUTE（不捕获关键信号），SDL_INIT_EVERYTHING（包含所有）。

2. 创建窗口

SDL_Window * SDL_CreateWindow (const char * title, int x, int y, int w, int h, Uint32 flags);

title 为窗口的标题；

x 和 y 分别是窗口左上角 x 坐标和 y 坐标；

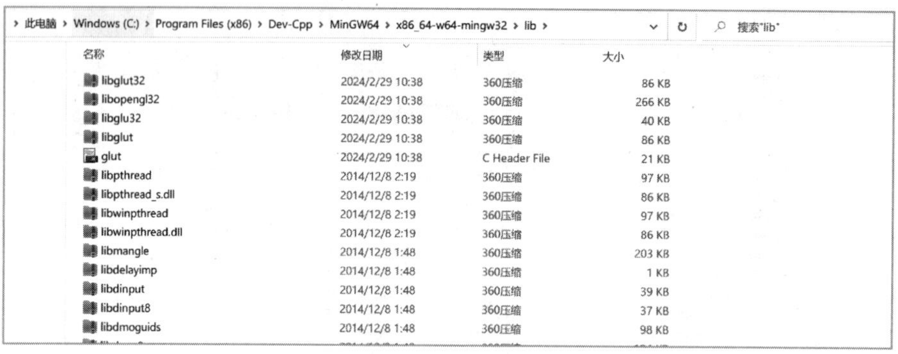

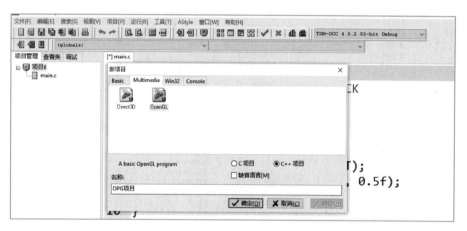

图 4.9　文件目录

图 4.10　文件目录

w 和 h 分别表示窗口的宽度和高度。

flags 窗口的风格，其取值可以是以下组合：

∷ SDL_WINDOW_FULLSCREEN；

∷ SDL_WINDOW_HIDDEN；

∷ SDL_WINDOW_BORDERLESS；

∷ SDL_WINDOW_RESIZEABLE；

∷ SDL_WINDOW_MAXIMIZED；

∷ SDL_WINDOW_MINIMIZED；

∷ SDL_WINDOW_INPUT_GRABBED；

∷ SDL_WINDOW_ALLOW_HIGHDPI；

函数返回值是指向窗口类型的指针或句柄。

3. 创建渲染器

SDL_Renderer * SDL_CreateRenderer(SDL_Window * window，int index，Uint32 flags)

函数用于创建渲染器，负责图形绘制，图像显示等所有与视觉信息相关的信息渲染。

Window 为渲染器相关的窗口。

index 为渲染设备的索引，如果仅一个渲染设备，可以设置 -1，表示不使用索引。

flag 为表示渲染器的特性加持，可以是以下值的组合：

SDL_RENDERER_SOFTWARE：使用软件渲染。

SDL_RENDERER_ACCELERATED：硬件加速选项。

SDL_RENDERER_PRESENTVSYNC：渲染器与显示器刷新率同步。

SDL_RENDERER_TARGETTEXTURE：支持纹理渲染。

4. 创建纹理

SDL_Texture * SDL_CreateTextureFromSurface(SDL_Render * render, SDL_Surface * image)

纹理一般指的就是导入的图像，创建纹理的逻辑实际上是将从文件加载的图像转换为 SDL 容易处理的格式进行存储，即 SDL_Texture * 类型。函数的参数是渲染器和原始的图像，在 SDL 中，图像一般都是用 SDL_Surface 类型表示。

int SDL_RenderCopy(SDL_Renderer * renderer, SDL_Texture * texture,const SDL_Rect * srcrect,const SDL_Rect * dstrect);

函数的功能是将绘制好的纹理图像送入渲染器，准备渲染显示。

render：渲染器；

texture：纹理图像；

srcrect：源纹理大小；

dstrect：渲染目标大小。

5. 使用渲染器显示

void SDL_RenderPresent(SDL_Renderer * renderer);

将渲染器内容进行显示。

OpenGL（Open Graphics Library）是一个庞大的图形 API，常用有两个库提供了成百上千的函数来实现各种图形和图像处理功能。以下是几个在 OpenGL 开发中经常使用的函数。

（1）设置清屏颜色。

void glClearColor(GLfloat red, GLfloat green, GLfloat blue, GLfloat alpha);

Red：清除颜色的红色分量，范围从 0.0 到 1.0。

Green：清除颜色的绿色分量，范围从 0.0 到 1.0。

Blue：清除颜色的蓝色分量，范围从 0.0 到 1.0。

Alpha：清除颜色的 alpha（透明度）分量，范围从 0.0 到 1.0。

（2）清除缓存区。

void glClear(GLbitfield mask);

glClear 是 OpenGL 中一个非常基础而重要的函数，用于清除指定的缓冲区，以便在每次渲染迭代开始时提供一个干净的画布。这个函数通常在绘图的主循环中每次迭代开始时调用，用来清除颜色缓冲区（即屏幕）、深度缓冲区、模板缓冲区等，从而去除前一帧的渲染结果。

现代 OpenGL 的开发强调使用着色器来控制图形渲染流程，因此对于学习现代 OpenGL，理解和掌握着色器相关的 API 尤为重要。

（3）设置视口。

Void glViewport(GLint x, GLint y, GLsizei w, GLsizei h)

设置窗口（Viewport），即指定了从标准化设备坐标到窗口坐标的映射。这一过程决定了场景的最终呈现区域在窗口或帧缓冲中的位置和大小。

x 和 y 为指定窗口的左下角在窗口中的位置（像素坐标）

w 和 h 为指定窗口的宽度和高度（以像素为单位）

4.2　日　期　函　数　使　用

C 语言的标准库函数包括一系列日期和时间处理函数，日期和时间的功能主要集中在 time.h 头文件（某些系统上可能是 ctime）。以下是一些基本的日期时间函数及其用法。

4.2.1　日期数据结构

在时间日期函数中，定义了三种结构类型，time_t，struct tm 及 clock_t. clock_t 是用来保存时间的数据类型，在 time.h 文件中，可以找到对它的定义：

＃ifndef _CLOCK_T_DEFINED

typedef long clock_t;

＃define _CLOCK_T_DEFINED

＃endif

很明显，clock_t 是一个长整型数。在 time.h 文件中，还定义了一个常量 CLOCKS_PER_SEC，它用来表示一秒钟会有多少个时钟计时单元，其定义如下：

＃define CLOCKS_PER_SEC ((clock_t)1000)

可以看到每过千分之一秒（1 毫秒），调用 clock() 函数返回的值就加 1。

tm 结构可以获得时间日期。tm 结构在 time.h 中的定义如下：

＃ifndef _TM_DEFINED

struct tm {

　　int tm_sec; // 秒 – 取值区间为[0,59]

　　int tm_min; // 分 – 取值区间为[0,59]

　　int tm_hour; // 时 – 取值区间为[0,23]

　　int tm_mday; // 1 个月中的日期 – 取值区间为[1,31]

　　int tm_mon; // 月份(从 1 月开始,0 代表 1 月)–取值区间为[0,11]

　　int tm_year; // 年份,其值等于实际年份减去 1900

　　int tm_wday; // 星期 –取值区间为[0,6],其中 0 代表星期天,1 代表星期一

　　以此类推

　　int tm_yday; // 从每年的 1 月 1 日开始的天数–取值区间为[0,365],其中 0 代表 1 月 1 日,1 代表 1 月 2 日,以此类推

　　int tm_isdst; // 夏令时标识符,实行夏令时的时候,tm_isdst 为正。

//不实行夏令时的时候,tm_isdst 为 0;不了解情况时,tm_isdst()为负

　　};

　　＃define _TM_DEFINED

　　＃endif

ANSI C 标准称使用 tm 结构的这种时间表示为分解时间（broken down time）。

而日历时间（Calendar Time）是通过 time_t 数据类型来表示的，用 time_t 表示的时间（日历时间）是从一个时间点（例如：1970 年 1 月 1 日 0 时 0 分 0 秒）到此时的秒数。在 time. h 中，也可以看到 time_t 是一个长整型数。

```
#ifndef _TIME_T_DEFINED
typedef long time_t; // 时间值
#define _TIME_T_DEFINED // 避免重复定义 time_t
#endif
```

大家可能会产生疑问：既然 time_t 实际上是长整型，到未来的某一天，从一个时间点（一般是 1970 年 1 月 1 日 0 时 0 分 0 秒）到那时的秒数（即日历时间）超出了长整型所能表示的数的范围怎么办？对 time_t 数据类型的值来说，它所表示的时间不能晚于 2038 年 1 月 18 日 19 时 14 分 07 秒。为了能够表示更久远的时间，一些编译器厂商引入了 64 位甚至更长的整形数来保存日历时间。比如微软在 Visual C++中采用了_time64_t 数据类型来保存日历时间，并通过_time64() 函数来获得日历时间［而不是通过使用 32 位字的 time() 函数］，这样就可以通过该数据类型保存 3001 年 1 月 1 日 0 时 0 分 0 秒（不包括该时间点）之前的时间。

4.2.2 获取日期时间

可以通过 time() 函数来获得日历时间（Calendar Time），其原型为：

```
time_t time(time_t * timer);
```

如果你已经声明了参数 timer，可以从参数 timer 返回现在的日历时间，同时也可以通过返回值返回现在的日历时间，即从一个时间点（例如：1970 年 1 月 1 日 0 时 0 分 0 秒）到现在此时的秒数。如果参数为空（NUL），函数将只通过返回值返回现在的日历时间。

4.2.3 转换日期时间的表示形式

日期和时间就是我们平时所说的年、月、日、时、分、秒等信息。从 2.1 节已经知道这些信息都保存在一个名为 tm 的结构体中，那么如何将一个日历时间保存为一个 tm 结构的对象呢？

可以使用的函数是 gmtime() 和 localtime()，这两个函数的原型为：

```
struct tm * gmtime(const time_t * timer);
struct tm * localtime(const time_t * timer)。
```

其中，gmtime() 函数是将日历时间转化为世界标准时间（即格林尼治时间），并返回一个 tm 结构体来保存这个时间，而 localtime() 函数是将日历时间转化为本地时间。比如现在用 gmtime() 函数获得的世界标准时间是 2005 年 7 月 30 日 7 时 18 分 20 秒，那么用 localtime() 函数在中国地区获得的本地时间会比世界标准时间晚 8 个小时，即 2005 年 7 月 30 日 15 时 18 分 20 秒。示例如下：

```
#include "time. h"
#include "stdio. h"
int main(void)
```

```
{
    struct tm  * local;
    time_t t;
    t＝time(NUL);
    local＝localtime(&t);
    printf("Local hour is：%d\n",local－>tm_hour);
    local＝gmtime(&t);
    printf("UTC hour is：%d\n",local－>tm_hour);
    return 0;
}
```

运行结果如下：

```
Local hour is：15
UTC hour is：7
```

4.2.4　格式化日期时间

可以通过 asctime() 函数和 ctime() 函数将时间以固定的格式显示出来，两者的返回值都是 char＊型的字符串。返回的时间格式为：

星期几 月份 日期 时：分：秒 年 \ n {post. content}

例如：Wed Jan 02 02：03：55 1980 \ n {post. content}

其中，\ n 是一个换行符，{post. content} 是一个空字符，表示字符串结束。下面是两个函数的原型：

```
char  *  asctime(const struct tm  *  timeptr);
char  *  ctime(const time_t  *  timer);
```

其中，asctime() 函数是通过 tm 结构来生成具有固定格式的保存时间信息的字符串，而 ctime() 是通过日历时间来生成时间字符串。这样的话，asctime() 函数只是把 tm 结构对象中的各个域填到时间字符串的相应位置就行了，而 ctime() 函数需要先参照本地的时间设置，把日历时间转化为本地时间，然后再生成格式化后的字符串。在下面，如果 t 是一个非空的 time_t 变量的话，那么：

```
printf(ctime(&t));
```

等价于：

```
struct tm  * ptr;
ptr＝localtime(&t);
printf(asctime(ptr));
```

那么，下面这个程序的两条 printf 语句输出的结果就是不同的了（除非你将本地时区设为世界标准时间所在的时区）：

```
＃include "time. h"
＃include "stdio. h"
int main(void)
{
```

```
struct tm  * ptr;
time_t lt;
lt = time(NULL);
ptr = gmtime(&lt);
printf(asctime(ptr));
printf(ctime(&lt));
return 0;
}
```

运行结果如下：

Mon Mar 15 09:14:48 2010
Mon Mar 15 17:14:48 2010

4.3　结构化程序设计思想

4.3.1　模块化原则

模块化设计，简单地说就是程序的编写不是开始就逐条录入计算机语句和指令，而是首先将一个大的程序按照某种功能或者组织机构分割成小模块，用主程序、子模块、子过程等框架把软件的主要结构和流程描述出来，并定义和调试好各个模块之间的输入、输出链接关系。逐步求精的结果是得到一系列以功能块为单位的算法描述。以功能块为单位进行程序设计，实现其求解算法的方法称为模块化。模块化的目的是降低程序复杂度，使程序设计、调试和维护等操作简单化。在程序设计中常采用模块化设计的方法，特别是程序较为复杂，代码量较多的情况下，必须进行模块化划分，在拿到一个项目时，最先做的并不是编程，而是进行模块化设计，一般根据功能进行模块化划分，当然有时划分，无法一次性到位，子模块的功能还比较大，可以再进行更小的模块化划分，这个过程就是自顶向下的实现方法。进行模块化设计以后，可根据项目职责由各个小组分头完成。

在程序的模块化设计过程中，如果把控模块划分的大小和功能，以及如何才能真正合理地进行模块化设计是模块化设计的重点，一般情况下，我们应遵循某些模块化原则。

1. 独立性

所谓独立性原则是指在进行模块化设计时，各个子模块应注意一个模块不要涉及过多的功能，最好一个模块只负责一项功能，并且模块可以独立运行。模块的独立程度可以由两个定性标准度量，这两个标准分别称为耦合和内聚。耦合衡量不同模块彼此间互相依赖（连接）的紧密程度；内聚衡量一个模块内部各个元素彼此结合的紧密程度，独立性较强的模块一般都属于高内聚、低耦合模块。

2. 规模适中

程序中的子模块规模不要过大，当然过小也会造成很多无谓的负担，规模适中的模块便于修改和阅读，虽然没有具体的行数规定，但一个适度的规模大致为50～60行之间。当然有时特殊情况也可适度扩大和缩小，但规模适度的模块对于整个软件的设计工作可以提高效率。

3. 接口简单化

接口简单化，是指模块与模块之间的关联尽可能地少，这样模块之间的接口会简单。

负责的模块接口，既不便于使用，也会增加调用时的出错概率；同时接口过于负责会使模块不便于理解和调试，所以应尽量做到结构简单化。

4. 可复用和可扩充

在进行模块化设计之初，应注重模块的复用性和可扩充性。可复用性是指模块能够不断重复利用，而可扩充性是指在模块化设计的过程中，很难做到一次性解决所有问题，应该预留扩充性结构，以为后续的补充做好准备。

4.3.2 模块化实例

有以下需求：编写一个儿童算术能力测试软件，该软件可以完成自动出题、接收答案、评分、显示结果等功能，对于这样一个软件而言，进行设计的第一步就是进行模块化设计。模块化设计的原则是根据其功能的描述可将软件分割成小模块：封面模块、出题模块、密码模块、回答模块、评分模块等等，当然在进行小模块设计时要尽可能符合模块设计原则，接着根据其功能设计对于各个小模块的调用流程。

【例 4.1】 /＊模块化实例＊/

```
cover() { }            /＊软件封面显示函数＊/
password(){ }          /＊密码检查函数＊/
question(){ }          /＊产生题目函数＊/
answers(){ }           /＊接受回答函数＊/
marks(){ }             /＊评分函数＊/
results(){ }           /＊结果显示函数＊/
int main(int argc, char ＊argv[])
{
    char ans ＝'y;
    clrscr();
    cover();               /＊调用软件封面显示函数＊/
    password();            /＊调用密码检查函数＊/
    while (ans ＝＝'y|| ans ＝＝'Y)
{   question();            /＊调用产生题目函数＊/
    answers();             /＊调用接受回答函数＊/
    marks();               /＊调用评分函数＊/
    results();             /＊调用结果显示函数＊/
    printf("是否继续练习？(Y/N)\n");
    ans＝getch ();
    }
    printf("谢谢使用,再见！");
}
```

4.4 数据组织结构

4.4.1 数组

1. 数组的作用

在使用 C 语言编写程序时，假设我们需要存储 5 个学生的成绩，如果没有数组这种数据组织方式，我们只能使用单个变量来分别存储每个学生的成绩，这将使得代码冗长和难以管理。

```
int score1 = 90;
int score2 = 85;
int score3 = 95;
int score4 = 80;
int score5 = 75;
```

数组是一种用于存储相同类型数据的数据结构。它便于处理大量数据，数组的存在使得我们能够更方便地处理大量的数据。例如，可以使用数组来存储以上五个学生的成绩，如果使用数组，可以这样表示：

```
int scores[5]={90,85,95,80,75}; // 定义一个包含 5 个整数的数组
```

也可以逐一进行赋值。

```
scores[0] = 90;  // 第一个学生的成绩为 90
scores[1] = 85;  // 第二个学生的成绩为 85
scores[2] = 95;  // 第三个学生的成绩为 95
scores[3] = 80;  // 第四个学生的成绩为 80
scores[4] = 75;  // 第五个学生的成绩为 75
```
一维数组的定义格式　int arr[20];//有 20 个元素可以进行存放。
二维数组的定义格式　int arr[20][20];//有 400 个元素可以进行存放处理。

2. 数组案例

这个简单的成绩管理系统演示了输入成绩、查询成绩、删除成绩和插入成绩的操作。您可以根据需求进行扩展和修改。请注意，这只是一个基本的示例，可能需要根据实际需求进行更多的错误处理和异常情况的检查。

【例 4.2】　简单的成绩管理系统的模块化展示：

```c
#include <stdio.h>
#define MAX_SIZE 100
// 全局变量
int scores[MAX_SIZE];
int count = 0;
// 函数声明
void inputScores();
void queryScore(int studentID);
void deleteScore(int studentID);
void insertScore(int studentID, int score);

int main() {
    int choice, studentID, score;
    while (1)
    {
        printf("\n 成绩管理系统\n");
```

```c
        printf("1. 输入成绩\n");
        printf("2. 查询成绩\n");
        printf("3. 删除成绩\n");
        printf("4. 插入成绩\n");
        printf("5. 退出\n");
        printf("请选择操作：");
        scanf("%d", &choice);
        switch (choice)
    {
            case 1:
                inputScores();
                break;
            case 2:
                printf("请输入要查询的学生 ID：");
                scanf("%d", &studentID);
                queryScore(studentID);
                break;
            case 3:
                printf("请输入要删除的学生 ID：");
                scanf("%d", &studentID);
                deleteScore(studentID);
                break;
            case 4:
                printf("请输入要插入的学生 ID：");
                scanf("%d", &studentID);
                printf("请输入要插入的成绩：");
                scanf("%d", &score);
                insertScore(studentID, score);
                break;
            case 5:
                return 0;

            default:
                printf("无效的选择！\n");
                break;
        }
    }

    return 0;
}
//输入学生人数和成绩
void inputScores()
{
    int i, num;
    printf("请输入学生人数：");
    scanf("%d", &num);
```

```
    if (count + num > MAX_SIZE) {
        printf("超出最大容量! \n");
        return;
    }
    printf("请输入学生的成绩:\n");
    for (i = 0; i < num; i++) {
        scanf("%d", &scores[count]);
        count++;
    }
}
//根据输入的 ID 查询对应学生的成绩
void queryScore(int studentID)
{
    int i;
    int found = 0;

    for (i = 0; i < count; i++)
    {
        if (i == studentID)
        {
            printf("学生%d 的成绩为:%d\n", studentID, scores[i]);
            found = 1;
            break;
        }
    }
    if (! found)
    {
        printf("未找到该学生的成绩。\n");
    }
}
// 根据输入的 ID 删除对应学生的成绩
void deleteScore(int studentID)
{
    int i;
    int found = 0;
    for (i = 0; i < count; i++) {
        if (i == studentID) {
            found = 1;
            break;
        }
    }
    if (found) {
        for (; i < count - 1; i++) {
            scores[i] = scores[i + 1];
        }
        count--;
```

```
        printf("删除成功! \n");
    } else {
        printf("未找到该学生的成绩。\n");
    }
}
// 根据输入的 ID 插入一条学生信息
void insertScore(int studentID, int score)
{
    int i;
    if (count + 1 > MAX_SIZE)
    {
        printf("超出最大容量! \n");
        return;
    }
        for (i = count; i > studentID; i--) {
        scores[i] = scores[i - 1];
    }
    scores[studentID] = score;
    count++;
    printf("插入成功! \n");
}
```

4.4.2　结构体

在 C 语言中，结构体（struct）是一种用户自定义的构造数据类型，它用于描述相对较为复杂的数据结构，它允许将多个不同类型的数据项组合成一个单一的复合类型。结构体与数组的不同之处在于，数组是一组相同类型的元素的集合，而结构体可以包含多个不同类型的元素（也称为成员变量）。结构体的每个成员变量可以拥有不同的数据类型，而数组的所有元素都必须具有相同的数据类型。结构体数组则是存储相同结构体类型元素的连续内存块，它使得程序能够高效地处理结构化数据集合。

例如，描述一个学生的基本的情况，涉及学号、姓名、性别、专业等信息，一个学生的基本信息无法用一个简单变量来表述出来，只能将用于表示这些学号 int num，姓名 char name［2］这些不同的数据类型构建成一个新的构造类型，这个类型就称为结构体类型。结构体同时也是一些元素的集合，这些元素称为结构体的成员（member），且这些成员可以为不同的类型。

结构体类型的定义格式：

```
typede struct
    {
    类型    成员名 1；
    类型    成员名 2；
    类型    成员名 3；
    类型    成员名 4；
    }结构体类型名；
```

注意：结构体类型定义描述结构的组织形式，不分配内存空间。

例：　　　typedef struct
　　　　　　｛　　char num[20]；
　　　　　　　　　char　name[20]；
　　　　　　　　　char sex；
　　　　　　　　　int age；
　　　　　　　　　float score；
　　　　　　　　　char addr[30]；
　　　　｝Student；

上述结构体定义了一个名为 Student 的结构体，它包含了 6 个成员变量，字符数组成员 num、name、addr；字符成员 sex；整数成员 age；浮点数成员 score。

1. 结构体变量的定义

结构体类型和结构体变量可以分开定义，例如使用上面定义的 Student 类型定义结构体变量如下：

Student　stu；//定义了一个 Student 类型的变量 stu

结构体类型和结构体变量可以同时定义：

struct　　student
　｛　　char num[20]；
　　　　char　name[20]；
　　　　char sex；
　　　　int age；
　　　　float score；
　　　　char addr[30]；
　｝stu；//定义了一个 struct　　student 类型的变量 stu

2. 结构体变量对于结构体成员的引用

通过操作符（.）引用每个结构体中的成员，对于结构体的操作要通过对每个成员的操作完成。

结构体变量名．成员名

（strcpy(stu.num,"102230")；scanf("％s",stu.num)）；

【例 4.3】　定义关于学生的一个结构体类型，并定义变量，在程序中逐个给变量赋值，并输出。

```
#include <stdio.h>
typedef struct
 {
  char num[20];
   char   name[20];
   char sex[10];
   int age;
```

```
        float score；
        char addr[30]；
    }Student；
    void useStudent()
    {
      Student stu1；
      scanf("%s%s%s%d%f%s",stu1.num,stu1.name,stu1.sex,&stu1.age,&stu1.score,stu1.addr)；
      printf("%s %s %s %d %f %s\n",stu1.num,stu1.name,stu1.sex,stu1.age,stu1.score,stu1.addr)；
    }
    int main(int argc, char * argv[])
    {
        useStudent()；
        useStudent()；
        return 0；
    }
```

　　定义了结构体之后，可以创建该类型的变量，并对其进行操作。上面的例子展示了如何创建 Student 结构体的实例，并给其中的字段赋值和访问这些字段的例子。

4.4.3　结构体数组

　　结构体类型最常使用结构体数组，在描述一组数据类型相同的结构体变量的时候，可以考虑使用结构体数组来完成，例如一个结构体变量只能存放一个学生的信息，而对于多个学生的信息则可以使用一个结构体数组来存放，结构体数组的每个元素都是一个结构体类型的变量。假设有以下学生信息表（表 4.1），可将其用结构体数组进行存储。

表 4.1　　　　　　　　　　　　　　　学　生　信　息　表

学号	姓名	性别	年龄	所属分院
1501	李明	男	19	数工
1502	张丽	女	19	数工
1503	王涛	男	20	数工

　　1. 定义语法　结构体类型　数组名［数组长度］

```
typedef        struct        student
{
  int num；
    char name[20]；
    char sex；
    int age；
  }Student；
Student   stu[3]={{10101,"LiLin",'M',18},{10102,"ZhangFun",'M',19},
        {10104,"WangMin",'F',20}}；
```

　　2. 引用某个数组元素的成员

　　stu[0].num　　　//通过数组元素引用成员

3. 数组元素之间可以整体赋值

stu[0]=stu[1];   //数组元素之间可以整体赋值

【例 4.4】 输入 30 个学生基本信息，并输出，为了展现结构体数组的定义和应用，以 30 个学生信息的存储和打印为例开展。

```c
#include <stdio.h>
// 定义 Student 结构体
typedef struct
{
    char name[50];
    float score;
}Student;
// 输入学生信息
void inputStudents(Student stus[], int size)
{
    int i;
    for ( i = 0; i < size; i++)
    {
        scanf("%s", stus[i].name);
        scanf("%f", &stus[i].score);
    }
}


// 打印学生信息
void printStudents( Student stus[], int size)
{
    int i;
    printf("\n学生信息如下:\n");
    for (i = 0; i < size; i++)
    {
        printf("姓名：%s, 分数：%.2f\n", stus[i].name, stus[i].score);
    }
}


int main() {
    Student stus[20];
    int   size=2;//假设当前仅有两个学生信息需要输入
    // 输入学生信息
    inputStudents(stus, size);
    // 打印学生信息
    printStudents(stus, size);
    return 0;
}
```

程序运行结果如下：

学生信息如下：
姓名：王丽，分数：98.00
姓名：李云，分数：100.00

这个例子演示了如何使用结构体数组来存储和处理一组有关联的数据（在本例中是学生的姓名和成绩），并通过模块化的方式，将输入和输出功能与数据结构定义分离，使得代码结构更加清晰。

4.4.4　链表

链表是一种物理存储单元上非连续、非顺序的存储结构，数据元素的逻辑顺序是通过链表中的指针链接次序实现的，如图 4.11 所示的单向链表，每个节点只包含一个指向下一个节点的指针。链表的遍历只能是一个方向的，从头节点开始直到遇到指针为 NULL 的节点结束。

链表由一系列节点（链表中每一个元素称为节点）组成，节点可以在运行时动态生成。每个节点包括两个部分：一个是存储数据元素的数据域，另一个是存储下一个节点地址的指针域。相比于线性表顺序结构，操作稍微复杂，但链表结构可以充分利用计算机内存空间，实现灵活的内存动态管理。另外链表失去了数组随机读取的优点，同时链表由于增加了节点的指针域，空间开销比较大。链表最明显的好处就是，常规数组排列关联项目的方式可能不同于这些数据项目在记忆体或磁盘上顺序，数据的存取往往要在不同的排列顺序中转换。链表允许插入和移除表上任意位置上的节点，但是不允许随机存取。链表这种数据结构主要使用场景之一：当你不需要快速随机访问元素，且不知道数据集的大小或数据集的大小会频繁变化时。

链表有很多种不同的类型：单向链表、双向链表以及循环链表。如图 4.11 所示，用单链表存储三个学生的信息。总之，链表是一种灵活的数据结构，它提供了动态大小和高效的插入和删除操作的优点，但以牺牲随机访问的速度和增加内存开销为代价。

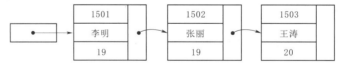

图 4.11　链表结构示意

首先需要定义一个表示单链表节点的结构体。这个结构体至少包含两个成员：一个是存储数据的成员（假设数据类型是 int），另一个是指向下一个节点的指针。

【例 4.5】　//定义链表节点的结构体

```c
#include <stdio.h>
typedef struct stu
{
    char num[20];
    char name[20];
    char sex;
```

```
    int age;
    struct stu * next;
}Student;
//生成一个新节点
Student * newnode()
{
    Student * newnode;
    newnode=(Student * )malloc(sizeof(Student));
    if(newnode! =NULL)
    {
        scanf("%s",newnode->num);//"1501"
        scanf("%s",newnode->name);//"李明"
        scanf("%d",&newnode->age);//19
        newnode ->next=NULL;
    }
    return newnode;
}
//将新节点插入链表头部
Student * addnodehead(Student * head)
{
    Student * new=newnode();
    if(head==NULL)
    {
        head=new;
    }
    else
    {
        new->next=head;
        head=new;
    }
    return head;
}
//打印链表
void prtlist(Student * head)
{
    Student * temp=head;
    while(temp! =NULL)
    {
        printf("%s ",temp->num);
        printf("%s ",temp->name);
        printf("%d ",temp->age);
        temp=temp->next;
    }
}
```

```
int main()
{
    Student * head=NULL;
    head=addnodehead(head);
    head=addnodehead(head);
    head=addnodehead(head);
    prtlist(head);
    return 0;
}
```

运行程序，依次输入李明、张丽、王涛的信息，运行结果如下：

```
1503  王涛  20
1502  张丽  19
1501  李明  19
```

以上代码可以生成一个逆序的链表，采用的头部插入节点的方式，如果想要顺序生成链表，需要采用尾部插入节点的方式，可以试试将插入节点替换成以下代码：

```
//将节点插入链表尾部
Student * addnodetail(Student * head)
{
    Student * new=newnode();
    Student * temp;
    if(head==NULL)
    {
        head=new;
    }
    else
    {
        //遍历链表,找到尾巴节点,进行插入
        temp=head;
        while(temp->next! =NULL)
            temp=temp->next;
        temp->next=new;
    }
    return head;
}
```

将源程序中主函数中的 addnodehead 函数替换成 addnodetail 函数，再依次输入李明、张丽、王涛的信息，运行结果如下，是按照输入顺序进行打印。

```
1501  李明  19
1502  张丽  19
1503  王涛  20
```

4.5 文 件 操 作

在 C 语言中，文件存储是一种将数据持久保存到硬盘上的方法。这对于需要保留程序运行结果、用户数据或者任何其他形式的信息以便将来访问的应用尤其重要。

4.5.1 读取文件信息

C 语言提供一些基础处理函数完成数据的保存和读取，通过文件操作函数，可以完成软件中的数据以文本文件的方式存储在硬盘上，同时也实现软件运行时，将保存在硬盘上的文件数据提取出来。文件操作的前提文件已打开，当文件操作完毕后要对文件进行完毕，对文件进行打开和关闭的函数如下所示：

FILE * fp;

文件打开:fp＝fopen(文件路径,打开方式或使用方式);

文件关闭:fclose(fp);

文件打开的方式见表 4.2。

表 4.2   文 件 打 开 方 式

文件使用方式	意 义
"rt"	只读打开一个文本文件，只允许读数据
"wt"	只写打开或简历一个文本文件，只允许写数据
"at"	追加打开一个文本文件，并在文件末尾写数据
"rb"	只读打开一个二进制文件，只允许读数据
"wb"	只写打开或者建立一个二进制文件，只允许写数据
"rt＋"	读写打开一个文本文件，允许读和写
"wt＋"	读写打开或建立一个文本文件，允许读写
"at＋"	读写打开一个文本文件，允许
"rb＋"	读写打开一个二进制文件，允许读和写
"wb＋"	读写打开或简历一个二进制文件，允许读和写
"ab＋"	读写打开一个二进制文件，允许读，或在文件末追加数据

【例 4.6】 将存入磁盘文件 tt. txt 中的数据读出来，并输出在屏幕上。

```
void readfile()//将字符序列读入 stu. txt 文件中
{
    FILE * fp;
    char ch;
    if((fp＝fopen("stu. txt", "r"))＝＝NULL)
```

```
        {
            printf("error! \n");
        }
        else
        {
            while ((ch = fgetc(fp)) ! = EOF)
            {
                putchar(ch);
            }
            fclose(fp);
        }
        return 0;
    }
```

在这个例子中，通过循环调用 fgetc（ ）函数逐个字符地读取文件内容。如果读取的字符不是 EOF，则继续读取和打印字符；一旦读取到 EOF，循环结束，表示文件已经被完全读取。

4.5.2 存储文件信息

在 C 语言中，文件存储是一种将数据持久保存到硬盘上的方法。这对于需要保留程序运行结果、用户数据或者任何其他形式的信息以便将来访问的应用尤其重要。C 提供了一系列的标准库函数，使得在程序中进行文件创建、读写和管理变得相对简单，文件读取的函数见表 4.3。

表 4.3   文 件 读 取 函 数 表

函 数 格 式	作 用
fgetc(fp)	从 fp 指向的文件读入一个字符
fputc()	把字符 ch 写到文件指针变量 fp 所指向的文件中
fgets(str, n, fp)	从 fp 指向的无内件读入一个长度为（n−1）的字符串，存放到字符数组 str 中
fputs(str, fp)	把 str 所指向的字符串写到文件指针变量 fp 所指向的文件中
fread(buffer, size, count, fp)	用来存放从文件读入的数据的存储区的地址
fwrite(buffer, size, count, fp)	把从某个地址开始的存储区中数据向文件输出

【例 4.7】 将键盘输入的字符顺序存入磁盘文件 tt. txt 中，按 Enter 键结束。

```
void savefile()
{
    FILE  * fp;
    char ch;
    if((fp=fopen("stu. txt", "w"))==NULL)
    {
        printf("error! \n");
    }
    else
    {
```

```
      while((ch=getchar())!='\n')
      {
         fputc(ch,fp);
      }
      fclose(fp);
   }
   return 0;
}


int main()
{
      savefile();
      readfile();
      return 0;
}
```

这个程序使用 fputc() 函数将字符序列写入文件中。之后，还演示了如何连续写入更多字符。最后，关闭文件完成操作

4.6　基本输入/输出

编写好的 C 程序是在控制台中运行的，所有的输入/输出都是在控制台环境下进行的，称为标准的输入/输出，如图 4.12 所示。C 程序中，使用标准函数库中的 printf 函数完成向控制台输出信息的功能。

图 4.12　输入输出控制台

由于控制台是全字符的屏幕模式，因此只能向控制台输出字符。printf 的用法可以罗列如下：

（1）输出字符串，只需要在 printf() 的括号中放入需要输出的字符串。例如需要输

出一串字符 Hello world，则需要在源程序中输入：printf("Hello world\n")。

（2）输出变量的值：int a＝9；printf("a＝%d",a)；则在控制台中会输出 a＝9。输出变量需要根据不同的类型，在格式控制字符串中放入不同的格式控制符。

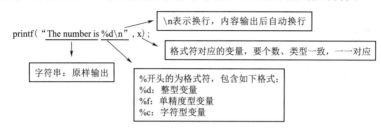

（3）输出一个浮点型变量的值，需要考虑浮点型变量的数值有效位数。使用 printf 输出浮点型变量可以控制其输出的有效位数。其格式为

printf("%m. nf",x)；

其中 m 为浮点型变量 x 输出的总的位数（包括小数点），n 表示小数点后的精度，即需要保留的小数点后的有效位数。［例 4.8］是数据输出的例子。

【例 4.8】 数据输出。

♯ include ＜stdio. h＞

♯ include ＜math. h＞
intmain()
{
  float x＝55. 1234
  printf("x＝%8.5f",x)；
  printf("x＝%6.3f",x)；
  printf("x＝%5.6f",x)；
  printf("x＝%.4f",x)；
  return 0；
}

运行结果如图 4.13 所示。

```
x=55.12340
x=55.123
x=55.123402
x=55.1234
请按任意键继续. . .
```

图 4.13 程序运行结果

输入则使用标准函数库中的 scanf 函数来完成。其用法为

scanf("……",& 变量名 1,& 变量名 2,… , & 变量名 n)；

例：scanf（" %d,%d,%d " ， &a, &b, &c）；

格式控制符：
格式符：根据具体格式
若有其他字符（如本例中的
" ，"）则在输入时要原样输入

输入表列：
普通变量名前要加取地址符号 &

对于 scanf 来讲，与 printf 格式相对应。格式字符串中如果含有除了格式控制符以外的其他字符，则在程序运行时，必须原样输入，格式控制符则按照格式替换成需要输入的

数值，输入的数值存入相应的变量中。特别需要注意的是变量的地址列表中的变量前需要加取地址符号。

值得一提的是，在输入字符变量的值的时候，需要特别注意回车的问题。对于一般的数值型变量值输入，如 float、int 等，在输入数值的时候，多个变量之间的空格、回车等间隔符及表示输入完成的回车都会被 scanf 自动忽略，而字符型变量则不同。当输入一个字符型变量的值时，任何键盘输入均作为一个字符输入，没有任何间隔符。具体可以参看 [例 4.9]。

【例 4.9】 字符输入举例。

```
#include <stdio.h>
intmain()
{
    float x;
    char ch,ch1;
    scanf("x=%f",&x);
    scanf("%c",&ch);
    printf("x=%f",x);
    printf("ch=%d",ch);
    return 0;
}
```

当程序运行的时候，如果需要输入 23.4 给变量 x，输入字符"a"给变量 ch，在控制台中进行输入的格式应该为

x=23.4a 回车

如果需要将 23.4 之后的字符 a 赋值给变量 ch，那么 23.4 与 a 之间不能加任何间隔符（空格或 Enter 键），否则将被认为是输入赋值给变量 ch。如果要在数值输入之后完成输入（输入 Enter 键表示输入完成），在第二步输入时，再将字符值赋值给字符变量，则需要将前面表示数值输入结束的回车从输入缓存中清空，标准函数库中提供了 fflush() 函数完成这个操作。[例 4.10] 说明了这个问题。

【例 4.10】 字符输入举例

```
#include <stdio.h>
intmain()
{
    double height;
    char sex;
    printf("请输入您的身高:\n");
    scanf("%lf",&height);
    fflush(stdin);
    printf("请输入您的性别(F 或 M):\n");
    scanf("%c",sex);
    printf("您的身高是:%g,您的性别是:%c\n",height,sex);
    return 0;
}
```

（4）字符作为计算机中常用的数据处理类型，C语言的标准库函数中提供了一组专用的函数作为字符的输入与输出。字符的输入用getchar()，字符的输出则使用putchar()。具体的用法可以参见［例4.11］。

【例4.11】 字符输入

```
#include <stdio.h>
intmain()
{
    char ch,ch1;
    ch=getchar();
    ch1=getchar();
    putchar(ch);
    printf("ch1=%c",ch1);
    return0;
}
```

字符串的输入输出则与前述三种基本类型的输入输出不同。在C语言的标准库函数中也提供了一组专门用于字符串输入输出的函数gets()与puts()。其具体用法可以参见［例4.12］。

【例4.12】 字符串的输入与输出

```
#include <stdio.h>
intmain()
{
    char s[50],str[100];
    scanf("%s",s);
    gets(str);
    puts(str);
    printf("s=%s",s);
    return 0;
}
```

需要特别注意的是使用scanf从键盘接收一个字符串时，其变量格式中s前面是没有取地址符号的。这是由于s表示的不是基本类型的变量，而是数组的名称，数组的名称表示的是数组的首地址，其含义本身就是地址，因此不需要取地址。

4.7　编译预处理

以"#"号开头的代码称为预处理命令，预处理命令是在程序编译之前处理的，因此称为预处理。如文件包含命令#include，几乎在所有程序中都会出现，其他的预处理命令如#define，也经常出现在程序中。在源程序中这些命令都放在函数之外，而且一般都放在源文件的前面。

预处理是C语言的一个重要功能，它由预处理程序在其他部分代码编译之前负责完成。当对一个源文件进行编译时，系统将自动引用预处理程序对源程序中的预处理部分做处理，处理完毕自动进入对源程序的编译。

C语言中常用的预处理功能有宏定义、文件包含、条件编译等。预编译命令在程序的移植、调试方面有非常重要的作用，可以减少调试人员的代码编写量，方便代码的兼容性移植。

在C语言源程序中允许用一个标识符来表示一个字符串，称为"宏"。被定义为"宏"的标识符称为"宏名"。在编译预处理时，对程序中所有出现的"宏名"，都用宏定义中的字符串去代换，这称为"宏代换"或"宏展开"。

宏定义是由源程序中的宏定义命令完成的。宏代换是由预处理程序自动完成的。

在C语言中，"宏"分为有参数和无参数两种。下面分别讨论这两种"宏"的定义和调用。

无参数的宏名后不带参数。

其定义的一般形式为：

#define 标识符 字符串

其中，"#"表示这是一条预处理命令。凡是以"#"开头的均为预处理命令。"define"为宏定义命令。"标识符"为所定义的宏名。"字符串"可以是常数、表达式、格式串等。

在前面介绍过的符号常量的定义就是一种无参宏定义。此外，常对程序中反复使用的表达式进行宏定义。

例如：

#define F (x * x−5 * x+4)

使用字符串表达式（x * x−5 * x+4）替换之后程序中出现的标识符F。对源程序做编译时，将先由预处理程序进行宏代换，即用（x * x−5 * x+4）表达式去置换所有的宏名F，然后再进行编译。

【例 4.13】

```
#define F (x * x−5 * x+4)
int main()
{
    float y,x;
    printf("input a number：  ");
    scanf("%f",&x);
    y=3 * F+2 * F+3 * F;
    printf("y=%g\n",y);
    return 0;
}
```

[例 4.13] 的程序中首先进行宏定义，定义F来替代表达式（x * x−5 * x+4），在y=3 * F+2 * F+3 * F中做了宏调用。在预处理时经宏展开后该语句变为：

y=3 * (x * x−5 * x+4)+2 * (x * x−5 * x+4)+3 * (x * x−5 * x+4);

但要注意的是，在宏定义中表达式（x * x−5 * x+4）两边的括号不能少；否则会发生错误。如当作以下定义后：

```
♯difine F x＊x－5＊x＋4
```

在宏展开时将得到下述语句：

```
s＝3＊x＊x－5＊x＋4＋2＊x＊x－5＊y＋4＋3＊x＊x－5＊x＋4；
```

这相当于：

```
3x2－5x＋4＋2x2－5x＋4＋3x2－5x＋4；
```

显然与原题意要求不符。计算结果当然是错误的。因此在作宏定义时必须十分注意。应保证在宏代换之后不发生错误。

对于宏定义的几点说明：

（1）宏定义是用宏名来表示一个字符串，在宏展开时又以该字符串取代宏名，这只是一种简单的代换，字符串中可以含任何字符，可以是常数，也可以是表达式，预处理程序对它不作任何检查。如有错误，只能在编译已被宏展开后的源程序时发现。

（2）宏定义行末不能加分号，如加上分号，分号作为宏的一部分进行处理。

（3）宏定义的作用域为宏定义命令起到源程序结束。如要终止其作用域可使用♯undef 命令。

例如：

```
♯define PI 3.1415927
  int main()
  {
  ……
  }
  ♯undef PI
  fun()
  {
  ……
  }
```

表示 PI 只在 main 函数中有效，在 fun 中无效。

（4）宏名在源程序中若用引号括起来，则预处理程序不对其作宏代换。

【例 4.14】

```
♯define NUM 321
int main()
{
  printf("NUM")；
  printf("\n")；
  return 0；
}
```

上例中定义宏名 NUM 表示 321，但在 printf 语句中 NUM 被引号括起来，因此不作宏代换。程序的运行结果为：NUM 这表示把"NUM"当字符串处理。

（5）宏定义允许嵌套，在宏定义的字符串中可以使用已经定义的宏名。在宏展开时由预处理程序层层代换。

例如:

```
#define PI 3.1415927
#define AREA PI*x*x                /* PI 是已定义的宏名 */
```

对语句:

```
printf("%f",AREA);
```

在宏代换后变为:

```
printf("%f",3.1415927*x*x);
```

(6)习惯上约定宏名用大写字母表示,以便与一般的变量区别。但也允许用小写字母。

文件包含是 C 预处理程序的另一个重要功能。

文件包含命令行的一般形式为:

```
#include"filename"
```

在前面我们已多次用此命令包含过库函数的头文件。例如:

```
#include<stdio.h>
#include<math.h>
```

文件包含命令的功能是把指定的文件插入该命令行位置取代该命令行,从而把指定的文件和当前的源程序文件连成一个源文件。

在程序设计中,文件包含是很有用的。一个大的程序可以分为多个模块,由多个程序员分别编程。有些公用的符号常量或宏定义等可单独组成一个文件,在其他文件的开头用包含命令包含该文件即可使用。这样,可避免在每个文件开头都去书写那些公用量,从而节省时间,并减少出错。

(7)对文件包含命令还要说明以下几点。

1)包含命令中的文件名可以用双引号括起来,也可以用尖括号括起来。例如以下写法都是允许的:

```
#include"stdio.h"
#include<math.h>
```

但是这两种形式是有区别的:使用尖括号表示在包含文件目录中去查找(包含目录是由用户在设置环境时设置的),而不在源文件目录去查找。

使用双引号则表示首先在当前的源文件目录中查找,若未找到才到包含目录中去查找。在实际编程中,建议读者:当所要包含的头文件为自己编写,则应该使用双引号的方式进行引用,而当所要包含的头文件为标准库头文件时,则采用尖括号的形式。

2)一个 include 命令只能指定一个被包含文件,若有多个文件要包含,则需用多个 include 命令。

3)文件包含允许嵌套,即在一个被包含的文件中又可以包含另一个文件。

第 2 篇 实 战 篇

结构体数组应用案例 1——手机通信云管家

5.1 案例导入，思政结合

结构体数组是一种构造类型的数组，既然同属于数组，结构体数组同样遵循基本类型数组的顺序存储结构。在探讨结构体数组的存储和操作时，我们发现其遵循的顺序存储结构与日常生活中排队的秩序有着异曲同工之妙，无论是在国家治理还是社会生活中，秩序与规则都是至关重要的。结构体数组的存储方式如同我们的排队秩序，按照某种情景进行顺序存储，伴随着数据量增大，为加快数据查找速度，可以通过一系列排序算法将无序数据变为有序数据，这些调整和变化必须基于共识和公平原则，保证整体秩序的稳定。

实际中出现的插入、删除等行为也都涉及大量位置移动；无论是存储结构还是逻辑结构，结构体数组的操作处处体现着"秩序"。

5.2 设 计 目 标

通讯录是大家十分常见的系统，它的应用场景很常见，可以在手机通讯录，社交 App 和办公 OA 中见到。通讯录可以方便地进行通信信息的查询。本案例以 C 语言为开发语言，模拟一个界面简单、易操作、可移植的系统。以数组为数据结构，涉及结构体、函数、文件和指针，旨在通过单文件案例的学习，使读者更好地掌握 C 语言的开发知识，同时了解和掌握程序综合设计的逻辑思维方法和设计过程，为将来开发出高质量的应用系统打下坚实的基础。

5.3 总 体 设 计

5.3.1 功能模块设计

通讯录管理系统采用 Dev - C++ 作为开发工具，主要实现对联系人的个人信息进行添加、删除、修改、查找、显示、排序、保存等功能，如图 5.1 所示，所有信息涉及文件操作，同时系统为用户提供简单友好的操作界面。系统的主要功能如下：

（1）系统用户界面：允许用户选择想要的操作，包括添加、删除、显示、查找和修改，其中保存功能在添加、删除、修改结束后自动进行。

（2）添加联系人：用户根据系统提示输入一个联系人的学号、姓名、性别、家庭电话、移动电话、出生日期、家庭地址等基本信息，输入完成后系统自动保存该联系人信息息，返回到系统用户界面。

（3）查找联系人信息：用户根据系统提示输入要查询的联系人的姓名（或学号），系统根据输入的姓名（学号）进行查找，如果找到则显示该记录，如果没有找到，系统给出提示信息，姓名或学号应该具有唯一性。

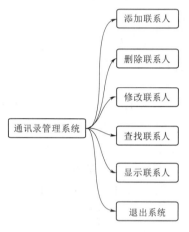

图 5.1　系统功能模块图

（4）删除联系人信息：用户根据系统提示输入需要删除的联系人的姓名，系统根据查找到的信息进行删除，在进行删除操作之前，要求系统提示是否删除，以确保删除操作的安全性。

（5）修改联系人信息：用户根据系统提示输入需要修改的联系人姓名，系统根据用户输入的信息进行查找，如果找到，则用户根据系统提示输入需要修改的联系人信息，如果没找到，系统给出提示信息。

（6）显示所有联系人信息：系统将显示通信录中所有的联系人信息。

（7）保存：在用户完成添加、删除和修改操作后，系统自动将信息保存到文件中，该功能不在菜单中显示，在用户进行了每一个相关操作之后自动进行。

（8）退出：完成所有操作后，用户可以退出通信录。

5.3.2　系统模块调用流程

系统的调用从用户界面的菜单模块选择开始，允许用户在 0～5 之间选择要进行的操作，输入其他字符都是无效的，系统会给出错误的提示信息。若输入 1，则调用添加模块，添加新的联系人信息；若输入 2，则调用删除模块，删除联系人信息；若输入 3，则调用修改联系人模块，修改联系人信息；若输入 4，则调用查找联系人模块，查找联系人信息；若输入 5，则调用显示联系人模块，显示所有的联系人信息；若调用 0，则调用退出模块，退出系统。在添加、删除和修改函数模块结束后需要调用保存数据包块，保存所有的联系人信息到文件。系统处理流程如图 5.2 所示。

5.3.3　数据结构设计

通信录系统数据组织采用结构体数组，首先声明结构体类型 Tel，该类型包含联系人必要通信信息，包括联系人编号、联系人姓名、出生日期、性别、微信、电话等若干结构体成员；接着定义 Tel 类型的结构体数组 telinf［MAX］，其中符号常量 MAX 为数组的最大长度。一般情况下，结构体声明放在源文件开头，对应的结构体数组以及代表数组实际长度的变量 len 一般定义在主函数内部作为局部变量。

系统预处理信息如下：

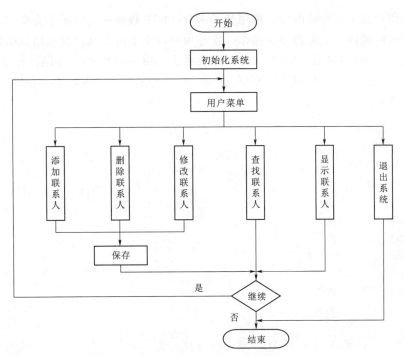

图 5.2　系统模块调用流程图

#include<stdio. h>/＊标准输入输出函数库＊/
#include<stdlib. h>/＊标准函数库＊/
#include<string. h>/＊字符串处理函数库＊/
#define MAX　100/＊数组最大长度＊/

数据类型声明与数组定义可参考如下语句：

```
Typedefstruct
{
  char num[10];
  char name[10];
  char birth[8];
  char sex[15];
  char wechat[15];
  char phone[15];
}Tel;
```

5.3.4　函数功能描述

根据通讯录设计的具体功能，将添加联系人、删除联系人、修改联系人、查找联系人、显示联系人、保存联系人等功能模块用函数进行结构化设计。在结构化程序的设计过程中注意作为局部变量的 telinf 在不同函数之间的数据传递过程。以下内容主要展示包含主函数在内的主要功能模块的结构化设计过程。

1. 结构化框架搭建

主函数主要显示各功能模块的调用管理工作，首先调用系统初始化函数和封面函数，接下来依据用户对于菜单项的操作调用相关函数，涉及数据改动的操作需要同时调用保存操作。用户可以循环往复进行界面操作，指导用户自主退出系统。其他功能函数主要包括系统初始化 init_inf(Tel tel[MAX])，添加联系人 add_inf(Tel tel[MAX]，int lenght)，删除联系人 delete_inf(Tel tel[MAX]，int lenght) 等函数，以下将逐一介绍。

参考程序：

```c
#include<stdio.h>
#include<stdlib.h>
/* 本结构仅供参考 */
    Typedefstruct
    {
    char num[10]; //编号
    char name[10];  //姓名
    char birth[8];  //出生日期
    char sex[15];  //性别
    char wechat[15]; //微信号
    char phone[15];  //电话
    }Tel;
    int init_inf(Tel tel[MAX]);/* 导入数据系统初始化 */
    int add_inf(Tel tel[MAX],int length);/* 添加函数 */
    void save_file(Tel tel[MAX],int length);/* 数据保存到文件 */
    void search_inf(Tel tel[MAX],int length);/* 查询函数 */
    int delete_inf(Tel tel[MAX],int length);/* 删除函数 */
    void update_inf(Tel tel[MAX],int length);/* 修改函数 */
    void show_inf(Tel tel[MAX],int length);/* 显示函数 */
    void quit_sys();/* 退出 */
    void cover_sys();/* 软件封面 */
/* 以下是 main 函数 */
void main()
{
    Tel telinf[MAX];
    int len;
     int choice;
    len=init_inf(telinf);
    while(1)
    {
        system("cls");
        cover_sys ();
        scanf ("%d", &choice);
        switch (choice)
        {
        case 1: len=add_inf(telinf,len);
                save_file(telinf,len);
                break;
```

```
       case 2：len＝delete_inf(telinf,len)；
                 save_file(telinf,len)；
                 break；
       case 3：update_inf(telinf,len)；
                 save_file(telinf,len)；
                 break；
       case 4：search_inf(telinf,len)；
                 break；
       case 5：show_inf(telinf,len)；
                 system("PAUSE")；
                 break；
       case 0：quit()；break；
       default：
         {
                 system("cls")；
                 printf("\n")；
                  printf("    选择错误,请重新输入选择！\n")；
                 system("PAUSE")；
         }
       }
     }
}/＊以下是初始化模块代码＊/
int    init_inf(Tel tel[MAX])
{
     printf("\t\t本模块系统的数据初始化工作\n")；
     system("PAUSE")；
}
/＊以下是添加模块代码＊/
int add_inf(Tel tel[MAX],int lenght)；
{
     printf("\t\t添加模块正在建设中\n")；
     system("PAUSE")；
}
 void search_inf(Tel tel[MAX],int lenght)；
{
     printf("\t\t查询模块正在建设中\n")；
     system("PAUSE")；
}
/＊以下是删除模块代码＊/
int delete_inf(Tel tel[MAX],int lenght)；
{
     printf("\t\t删除模块正在建设中\n")；
     system("PAUSE")；
}
```

```
/ * 以下是修改模块代码 * /
 void update_inf(Tel tel[MAX],int lenght);
{
    printf("\t\t 修改模块正在建设中\n");
    system("PAUSE");
}
/ * 以下是显示模块代码 * /
void show_inf(Tel tel[MAX],int lenght);
{
    printf("\t\t 显示模块正在建设中\n");
    system("PAUSE");
}
 void save_file(Tel tel[MAX],int lenght)
{
    printf("\t\t 本模块系统数据保存到文件\n");
    system("PAUSE");
}
/ * 以下是退出模块代码 * /
Voidquit_sys()
{
  system("cls");
  printf("\n");
  printf("          感谢使用本通信录\n");
  printf("\n");
  exit(0);
}
void cover_sys()
{
printf(" ******************************************************** \n ");
printf(欢迎使用电子通信录 \n");
printf(" ******************************************************** \n ");
        printf(" \n");
        printf("  1:添加信息 \n");
        printf("  2:删除信息 \n");
        printf("  3:修改信息 \n");
        printf("  4:查询信息 \n");
        printf("  5:显示所有信息\n");
        printf("  0:退出 \n");
        printf("请输入你的选择:");
}
```

说明：在编写程序之前，首先应规划系统功能，对功能进行合理的模块化设计，理解函数模块，并在以上程序模块的基础上，根据自己的要求进行修改与完善。

2. 函数设计

(1) 添加函数 int add_inf(Tel tel[MAX],int lenght)。函数功能：用户在选择 1 时调

用此函数，此函数完成输入联系人的基本信息。添加函数在调用时需要两个参数，其中一个是用来存放联系人通信信息的数组，另一个是数组的实际长度。添加函数处理流程图如图 5.3 所示。

【练习】：请写出 add_inf(Tel tel[MAX],int lenght) 函数的完整代码，用于添加联系人信息

（2）删除函数 int delete_inf(Tel tel[MAX],int lenght)。函数功能：用户在选择 2 时调用此函数，根据联系人姓名或者其他关键字进行删除该联系人的操作，该函数首先需要输入关键字，查询要删除的记录是否存在，查找到对应记录，再进行删除操作。结构体数组的删除操作采用将后续所有记录向前迁移，迁移后，将数组的实际存放长度减一，返回到主函数中。函数在调用时需要两个参数，其中一个是用来存放联系人通信信息的数组，另一个是数组的实际长度；返回值的作用是把删除操作完成后的实际记录条数返回到主函数。删除函数的流程图如图 5.4 所示。

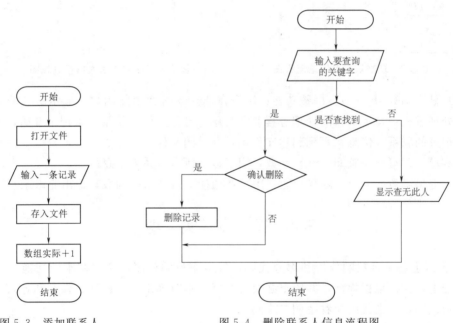

图 5.3　添加联系人
　　　信息流程图

图 5.4　删除联系人信息流程图

【练习】：请写出完整 delete () 函数的完整代码，用于删除联系人信息。

（3）修改函数 void update_inf(Tel tel[MAX],int lenght)。函数功能：用户在选择 3 时调用此函数，首先根据联系人姓名修改该联系人相关信息，接着由用户输入新的字段信息，进行记录修改。修改信息的流程图如图 5.5 所示。

【练习】：请写出完整 update() 函数，用于删除联系人信息

（4）查找函数 search()。函数功能：用户在选择 4 时调用此函数，采用线性查找法，根据联系人姓名查找该联系人相关信息。查找函数的流程图如图 5.6 所示。

【练习】：请写出完整 search() 函数，用于查找联系人信息

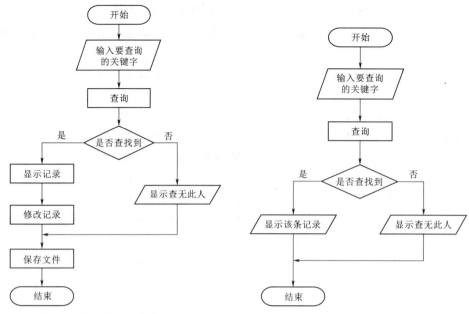

图 5.5　修改联系人信息流程图　　　　图 5.6　查询联系人信息流程图

（5）显示函数 show()。函数功能：用户在选择 5 时调用此函数，显示所有的联系人信息。处理过程：显示函数的处理过程非常简单，打开文件，从第一条记录开始，依次输出每条记录的联系人信息，直到到达文件尾，并关闭文件。

【练习】：请写出完整 show() 函数，用于显示所有联系人信息

（6）退出函数 quit()。函数功能：用户在选择 0 时调用此函数，退出通讯录系统。

5.4　程　序　实　现

根据以上各个函数的分析和部分代码，编辑完整的程序，实现基本的功能，在程序设计过程中，注意编程规范，并给出必要的注释。本节列出其中删除、保存和导入三个函数的实现代码，详细代码参看案例二维码。

1. 删除函数的实现

```c
int delete_inf(Tel tel[MAX],int length)
{
    int i,j,flag=0;;
    char dname[10];
    printf("请输入要删除的人员姓名");
    fflush(stdin);
    gets(dname);
    for(i=0;i<length;i++)
    if(strcmp(tel[i]. name,dname)==0)//匹配
        {
            flag=1;
```

```
            printf("学号\t姓名\n");
        printf("%s\t%s\n",tel[i]. num,tel[i]. name);
        system("PAUSE");
            for(j=i+1;j<length;j++)
                tel[j-1]=tel[j];
        }
    if(flag==1)
     {
      length--;
      return length;
     }
    else
     {
      printf("未找到相关记录");
      system("PAUSE");
     }


}
```

2. 保存函数的实现

```
void save_file(Tel tel[MAX],int length)
{
    FILE * fp;
    int i;
    fp=fopen("txl. txt","w");
    if(fp! =NULL)
        for(i=0;i<length;i++)
            fwrite(&tel[i],sizeof(Tel),1,fp);
    fclose(fp);


}
```

3. 导入函数的实现

```
int init_inf (Tel tel [MAX] )
{
    FILE * fp;
    int i=0;
    fp=fopen ("txl. txt", "r");
    if (fp! =NULL)
     {
        while (fread (&tel [i], sizeof (Tel), 1, fp) ==1)
            i++;
        fclose (fp);
     }
    return i;
}
```

5.5　拓 展 功 能 实 现

　　以上基本功能的开发完成后，可依据自身能力和项目特点对系统进行拓展创新，可进行的拓展功能包括但不限于以下功能，在拓展创新过程中遵循软件设计原则，并能够解决复杂的实践开发问题，锻炼综合实践能力。

　　（1）显示记录时，可根据姓名经过排序后显示，排序方法可以用冒泡排序、选择排序或其他排序方法来实现。

　　（2）显示记录时，可以根据某些数据项进行计算，如根据出生日期计算年龄，并显示。

　　（3）添加记录时，可进行数据格式的检查，如根据电话号码的基本格式、出生日期的基本格式等要求进行检查。

　　（4）添加记录时，可进行唯一性检查，如两个人不可能出现同样的电话号码，也可根据姓名进行唯一性检查，要求系统不出现重名的情况。

　　（5）添加记录时，可以实现多条记录的添加，而无须返回主目录再进行添加操作，而是直接询问是否需要继续添加。

　　（6）查找记录时，可以根据多个关键字进行查找，既可根据姓名查找也可根据家庭住址等其他关键字查找相关记录。

　　（7）查找记录时，可以实现模糊查找，即可以查找所有"宁波"的联系人信息，或者可以查找所有"张"姓的联系人（提示：查找可以使用的字符串处理函数）。

　　（8）设计菜单时，可以直接在一级菜单中显示多关键字查找的基本信息，即将按姓名、按电话、按地址等查找关键字分别列出。

　　（9）设计菜单时，也可将多关键字查找列在"查找联系人"后的二级菜单中。

　　（10）删除记录时，若查找到多条符合条件的记录，应该逐条进行询问。

　　（11）考虑在界面上，是否可以对文字或背景设置颜色。

　　（12）其他创新拓展功能都可。

　　以上所列举的拓张功能仅仅是其中一部分，作为可自由拓展的部分，可以充分发挥创新精神和拓展能力。下面以其中几个拓展功能为例，进行程序编写。

　　（13）冒泡排序。

```
void sort(Tel tel[MAX],int length) //以按照编号为例进行排序,采用冒泡法
{
    int i,j;
    Tel repname;
    for(i=1;i<length;i++)//整个数组合计排 length 趟
        for(j=0;j<length-i;j++)//每趟前后两个数组元素进行比较
            if (strcmp(tel[j]. name,tel[j+1]. name)>0)
            {
                repname=tel[j];
                tel[j]=tel[j+1];
```

```
        tel[j+1]＝repname；
        show_inf (tel，length)；
    }
}
```

5.6　小　　结

　　本章介绍了基于单文件的通讯录管理系统的设计思路和实现过程，着重介绍了各个功能模块的设计原理和开发方法，主要利用结构体数组的相关知识完成通讯录中联系人信息的添加、删除、修改、查找等功能，旨在帮助读者掌握 C 语言下的文件和结构体数组的操作，从而为后续的案例开发打下基础。

第 5 章　结构体数组应用案例 1
——手机通信云管家

第 6 章

结构体数组应用案例 2——小微图书管理系统的分析与设计

6.1　案例导入，思政结合

本案例为编写小微图书管理系统，系统可以用来管理图书，对图书信息（包括图书编号、图书名称、作者、出版社、价格、在馆状态、借阅者姓名、借阅者电话等）进行增加、删除、更改、显示和查询等操作。在实际开发中，随着程序规模的增大，将程序拆分为多个文件可以提高代码的可读性、可维护性和可重用性。案例采用多文件开发，可以将项目分割为诸多小文件，允许多人同时工作在不同的模块上，极大地提高了团队合作的效率。他们可以独立进行模块开发工作，减少了代码冲突和依赖问题，加快了项目进度，培养学生的团队协作能力和项目沟通能力。

6.2　设　计　目　标

图书管理系统是各类图书馆用来科学管理图书信息的软件，主要完成图书信息的收集、传递、加工、保存、维护和使用等任务，本案例期望满足小型图书馆，特别是乡村中小学图书室的日常管理需求，包括：书籍的录入和整理，书籍借阅管理功能，简单的统计功能，旨在方便图书管理员的操作，减少图书管理员的工作量并使其能更有效地管理书库中的图书，实现传统的图书管理工作的信息化建设。

本案例以 C 语言为开发语言，采用模块化开发，深入展示多文件编程。在项目中将一个大文件分割为诸多小文件，项目成员可以分工合作，每个成员可以编写项目中的一个模块然后进行合成，进而更好地理解将多个文件编译到一起生成可执行文件的过程。本案例涉及的知识点包括：多文件编程，数组、结构体、函数、文件和指针等。

6.3　多文件编程方法

多文件编程是指将一个程序分割成多个源代码文件，每个文件包含一个或多个函数的定义和实现。这些文件之间通过头文件进行函数声明和共享全局变量。在编译时，将各个文件分别编译为目标文件,然后链接在一起生成可执行文件。

拆分源代码文件时,将程序按照不同的功能或模块进行拆分,每个功能或模块对应一个源代码文件。比如,在小微图书管理系统中,将输入输出相关的函数放在一个文件中,将多种查询方式相关的函数放在一个文件中,将文件操作函数放在一个文件中等。

编写头文件时,在每个源代码文件对应的头文件中,声明该文件中定义的函数和共享的全局变量。即头文件应该包含函数的声明和必要的宏定义、结构体定义等。

编写源代码文件时,在每个源代码文件中,实现对应的函数定义。即源代码文件应该包含函数的具体实现和必要的变量定义。

编译和链接时,使用编译器分别编译每个源代码文件,生成对应的目标文件。然后使用链接器将这些目标文件链接在一起,生成可执行文件。

多文件编程可以提高代码的组织性和可维护性,特别适用于大型项目的开发。比如:①模块化开发:将一个大型程序拆分为多个模块,每个模块对应一个源代码文件。不同的开发人员可以负责不同的模块开发,提高开发效率。同时,可以在不同的项目中复用这些模块。②库文件的开发:将一组相关的功能函数封装在一个源代码文件中,生成静态库或动态库。其他开发人员可以通过链接这些库文件来使用这些功能函数,提高代码的复用性。③跨平台开发:对于需要在不同操作系统或硬件平台上运行的程序,可以将与平台相关的代码放在不同的源代码文件中。在编译时选择相应的源代码文件进行编译,从而实现跨平台的开发和部署。④调试和维护:当程序出现问题时,可以根据错误信息快速定位到相应的源代码文件进行调试。同时,修改一个源代码文件不会影响其他文件,提高了程序的可维护性。

掌握多文件编程的基本概念和用法对于 C 语言程序员来说 是非常重要的。

6.4 总 体 设 计

6.4.1 功能模块设计

小微图书管理系统采用 Dev-C++作为开发工具、C 语言多文件编程方法,主要实现对图书信息的添加、删除、修改、显示、查找等功能,如图 6.1 所示,所有信息涉及文件读写操作,同时系统为用户提供简单友好的操作界面。系统的主要功能如下:

(1)系统用户界面:允许用户选择想要的操作,包括图书的添加、删除、显示、查找和在馆状态修改,其中保存功能在添加、删除、修改结束后自动进行。

(2)添加图书信息:用户根据系统提示输入一本图书的信息,包括图书 ID(图书在馆编号,此属性是唯一的)、书名、作者、出版社、出版日期、在馆状态等基本信息,输入完成后系统自动保存该图书信息,返回到系统用户界面。

(3)查询图书信息:用户根据系统提示输入要查询的图书书名(或图书 ID),系统根据输入的书名(或 ID)进行查找,如果找到则显示该记录,如果没有找到,系统给出提示信息。

(4)删除图书信息:用户根据系统提示输入需要删除的书名,系统根据查找到的信息进行删除,在进行删除操作之前,要求系统提示是否删除,以确保删除操作的安全性。

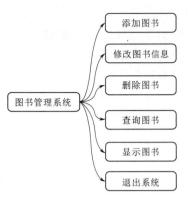

图 6.1 系统功能模块图

（5）修改图书信息：用户根据系统提示输入需要修改的书名（或 ID），系统根据用户输入的信息进行查找，如果找到，则用户根据系统提示输入需要修改的图书信息，如果没找到，系统给出提示信息。若修改的是在馆状态，如果状态为"借出"，则需要添加借阅者的姓名和联系方式，方便管理员对图书状态管理。

（6）显示所有图书信息：系统将显示图书馆内所有的图书信息。

（7）保存：图书信息直接保存在二进制文件或文本文件中，当需要添加、删除、查询或者更新时，使用文件操作函数精确定位图书信息。该功能不在菜单中显示，在用户进行了每一个相关操作之后自动进行。

（8）退出：完成所有操作后，可以退出图书管理系统。

6.4.2 系统模块调用流程

系统的调用从用户界面的菜单模块选择开始，允许用户在 0~5 之间选择要进行的操作，输入其他字符都是无效的，系统会给出出错的提示信息。若输入 1，则调用添加模块，添加新的图书信息；若输入 2，则调用删除模块，删除图书信息；若输入 3，则调用修改图书模块，修改图书信息；若输入 4，则调用查找图书模块，查找图书信息；若输入 5，则调用显示图书模块，显示所有的图书信息；若调用 0，则调用退出模块，退出系统。在添加、删除和修改函数模块结束后需要调用保存数据包块，保存所有的联系人信息到文件。系统处理流程如图 6.2 所示。

6.4.3 多文件设计

根据前面讲述的 C 语言多文件编程的步骤，将系统按照不同的功能或模块进行拆分，每个功能或模块对应一个源代码文件，拆分结果如下：

程序主框架 main.c；

添加图书 addbook.c；

删除图书 delbook.c；

修改图书信息 modifybook.c；

查询图书 searchbook.c；

显示图书信息 showbook.c；

保存文件 saveboolk.c；

初始化（读取文件）initbook，c；

软件菜单 cover.c；

bookheader.c 所有函数的声明、结构体定义、共享的全局变量；

bookinfo.txt 存储图书信息。

头文件中，声明该文件中定义的函数和共享的全局变量以及必要的宏定义、结构体定义等。本系统将上述源文件中所有函数的声明放在头文件 function.h 中、结构体变量的定义和共享的全局变量放在头文件 bookheader.h 中。

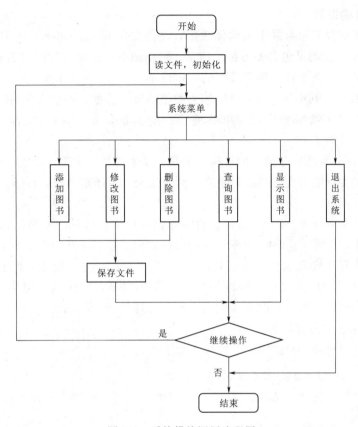

图 6.2　系统模块调用流程图

打开 Dev-C++软件，新建一个控制台应用工程"图书管理系统"，保存在"图书管理系统文"件夹中，如图 6.3 所示。

在工程中分别添加（新建）上述源文件和头文件，文件结果如图 6.4 所示。

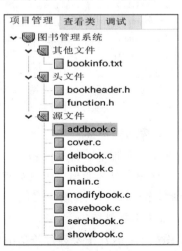

图 6.3　新建工程　　　　　　　　　图 6.4　工程文件结构

95

6.4.4 数据结构设计

图书管理系统数据组织采用结构体数组，在头文件 bookheader.h 中声明结构体类型 BookManagment，该类型包含图书相关信息，包括图书在馆编号、图书名称、图书作者、出版社、出版时间、在馆状态等等若干结构体成员；定义 BookManagment 类型的全局变量 BookM［MAX］，其中符号常量 MAX 为数组的最大长度，即最大存储的图书数量。

本案例中图书在馆编号采用简单的编号：基本部类＋自编号组成，比如大学英语 G6.0001 等，编号为 7 位。

《中图图书馆分类法》分类表的结构组成是：基本部类，大类，简表，详表。

（1）基本部类有五大类：马克思主义、列宁主义、毛泽东思想，哲学，社会科学，自然科学，综合性图书。

（2）基本部类下分为 22 个大类，它们的标识符和类名如下：A 马克思主义、列宁主义、毛泽东思想，B 哲学，C 社会科学总论，D 政治、法律，E 军事，F 经济，G 文化、科学、教育、体育，H 语言、文字，I 文学，J 艺术，K 历史、地理，N 自然科学总论，O 数理科学和化学，P 天文学、地球科学，Q 生物科学，R 医药、卫生，S 农业科学，T 工业技术，U 交通运输，V 航空、航天，X 环境科学，Z 综合性图书。

bookheader.h 中内容如下。

结构体类型与全局变量数组定义可参考如下语句：

```
#define Max   1000; / *数组最大长度,即最大存书量 * /
//结构体类型定义
struct BM{
    char ID[10];//图书编号
    char Name[20];//图书名称
    char Author[20];//作者
    char PublishHouse[30];//出版社
    char PublishDate[20];//出版日期
    char Status[10];//在馆状态
    char ReaderName[20];//借阅者姓名
    char ReaderTel[15];//借阅者电话
}BookManagment;
//全局变量定义
 BookManagment BookM[Max];//图书信息存储在 BookM 数组中
int BookN=0;//存储实际图书册数,初始值为 0
```

6.4.5 函数功能描述

根据图书管理系统的具体功能，将添加图书、删除图书、修改图书、查询图书、显示图书、保存图书等功能模块用函数进行结构化设计。本案例设计与实现中，使用了全局变量 BookM 和 BookN，各模块之间共享全局变量的值，并没有进行传参和值返回。

1. 结构化框架搭建

主函数 main() 主要进行各功能模块的调用管理工作，实现图书管理的总流程。首先调用系统初始化函数和封面函数，接下来依据用户菜单项的选择调用相关函数，涉及数据改动的操作需要同时调用保存操作。用户可以循环往复进行界面操作，指导用户自主退出系统。其他功能函数主要包括系统初始化 init_book()，保存 save_book()，添加图书 add_book()，删除图书 delete_book()，查询图书 search_book()，修改图书 modify_book()，显示图书 show_book() 等，以下将逐一介绍。

参考程序如下：

```
/* 文件 bookheader. h */
#define Max    1000
//结构体类型定义
Struct BM{
    char ID[10];
    char Name[20];
    char Author[20];
    char PublishHouse[30];
    char PublishDate[20];
    char Status[10];
    char ReaderName[20];
    char ReaderTel[15];
} BookManagment;
/* 函数声明头文件,function. h */
void init_book();//初始化模块
void save_book();//保存模块
void show_book();//显示图书信息模块
void add_book();//添加图书模块
void search_book();//查询图书模块
void modify_book();//修改图书模块
void del_book();//删除图书模块
void cover_book();//系统菜单模块
/* 文件 main. c */
#include <stdio. h>
#include <stdlib. h>
#include "function. h"
/* run this program using the console pauser or add your own getch, system("pause") or input loop */
//全局变量定义
 BookManagment BookM[Max];//图书信息存储在 BookM 数组中
int BookN=0;//存储实际图书册数,初始值为 0
int main(int argc, char * argv[])
{
    int choice;
    init_book();
    while(1)
    {
        system("CLS");
        cover_book();
        printf("请输入您的选择(0-5):");
```

```
        scanf("%d",&choice);
        switch(choice)
        {
          case 1:
            show_book();
            break;
          case 2:
            add_book();
            save_book();
            break;
          case 3:
            search_book();
            break;
          case 4:
            modify_book();
            save_book();
            break;
          case 5:
            del_book();
            save_book();
            break;
          case 0:
            exit(0);
            break;

        }
        system("PAUSE");
      }
    return 0;
  }
```

注：

（1）exit(0)是退出整个进程，不论在哪里调用，都会退出当前进程。

（2）exit()与return的区别。如果main()在一个递归程序中，exit()仍然会终止程序，但return将控制权移交给递归的前一级，直到最初的那一级，此时return才会终止程序。return和exit()的另一个区别在于，即使在除main()之外的函数中调用exit()，它也将终止程序。

（3）system函数需加头文件<stdlib.h>后方可调用。

（4）system("pause")可以实现冻结屏幕，便于观察程序的执行结果；system("CLS")可以实现清屏操作。

（5）文中使用♯include "bookheader.h"，其与♯include<>与""的区别。♯include<头文件>：编译器只会从系统配置的库环境中去寻找头文件，不会搜索当前文件夹。通常用于引用标准库头文件。

＃include"头文件"：编译器会先从当前文件夹中寻找头文件，如果找不到则到系统默认库环境中去寻找。一般用于引用用户自己定义使用的头文件。

```
/*以下是初始化模块代码,文件 initbook.c*/
#include <stdio.h>
#include "bookheader.h"
#include <string.h>
extern struct BookManagment BookM[Max];
extern int BookN;
void init_book()
{
    //你的代码将写在这里
    printf("\t\t 初始化完成\n");


}
```

注：在 C 语言中，extern 是一个关键字，用于说明一个变量或函数在其他文件中定义。在别的文件中用 extern 来声明这个变量或函数，从而让编译器知道它是在其他文件中定义的。此处 extern 说明 BookM 和 BookN 是 bookheader.h 文件中定义的全局变量。

```
/*以下是添加图书模块代码,文件 addbook.c*/
#include <stdio.h>
#include "bookheader.h"
#include <string.h>
extern struct BookManagment BookM[Max];
extern int BookN;
void add_book()
{
    //你的代码将写在这里
    //……
    printf("\t\t 添加完成\n");
}
/*以下是查询图书模块代码,文件 searchbook.c*/
#include <stdio.h>
#include "bookheader.h"
#include <string.h>
extern struct BookManagment BookM[Max];
extern int BookN;
voidsearch_book()
{
    //你的代码将写在这里
    //……
    printf("\t\t 查询完成\n");
}
/*以下是删除图书模块代码,文件 delbook.c*/
```

```c
#include <stdio.h>
#include "bookheader.h"
#include <string.h>
extern struct BookManagment BookM[Max];
extern int BookN;
voiddel_book()
{
    //你的代码将写在这里
    //……
    printf("\t\t 删除完成\n");
}
/ * 以下是修改图书模块代码,文件 modify.c * /
#include <stdio.h>
#include "bookheader.h"
#include <string.h>
extern struct BookManagment BookM[Max];
extern int BookN;
void modify_book()
{
    //你的代码将写在这里
    //……
    printf("\t\t 修改完成\n");
}
/ * 以下是显示图书模块代码,文件 showbook.c * /
#include <stdio.h>
#include "bookheader.h"
#include <string.h>
extern struct BookManagment BookM[Max];
extern int BookN;
void show_book()
{
    //你的代码将写在这里
    //……
    printf("\t\t 显示完成\n");
}
/ * 以下是保存图书模块代码,文件 savebook.c * /
#include <stdio.h>
#include "bookheader.h"
#include <string.h>
extern struct BookManagment BookM[Max];
extern int BookN;
voidsave_book()
{
    //你的代码将写在这里
    //……
```

```
    printf("\t\t 保存完成\n");
}
/ * 以下是菜单模块代码 * /
void cover_book()
{
printf(" ******************************************************** \n ");
    printf("欢迎使用小微图书管理系统\n");
    printf(" ******************************************************** \n ");
     printf("\n");
    printf("1 显示全部图书\n");
    printf("2 添加图书\n");
    printf("3 查询图书\n");
    printf("4 修改图书信息\n");
    printf("5 删除图书\n");
    printf("0 退出系统\n");
}
```

说明：在编写程序之前，首先要规划系统功能，对功能进行合理的模块化设计，理解以上函数模块，并且请在以上程序模块的基础上，根据自己的要求进行修改与完善。

2. 函数设计

（1）显示函数 void show_book()。函数功能：用户在选择 1 时调用此函数，显示所有的图书信息。处理过程：显示结构体数组 BookM 存储的数据，从第一条记录开始，依次输出每条图书信息，直到第 BookN 条信息，如图 6.5 所示。

【练习】：请写出完整 show_book() 函数，用于显示所有图书信息。

（2）添加函数 void add_book()。函数功能：用户在选择 2 时调用此函数，此函数完成添加一条图书信息，图书信息保存在结构体数组 BookM [BookN]，添加完成之后 BookN＝BookN＋1，然后将结构体数组 BookM 里的所有图书信息存入磁盘文件 bookinfo. txt。添加函数处理流程图如图 6.6 所示。

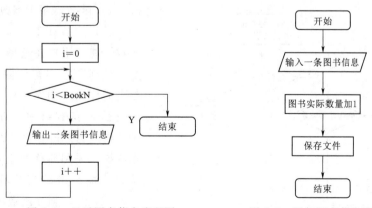

图 6.5 显示图书信息流程图　　图 6.6 添加图书信息流程图

【练习】：请写出完整 add_book() 函数，用于添加图书信息。

（3）查找函数 void search_book()。函数功能：用户在选择 3 时调用此函数，采用线性查找法，根据图书名称查找该图书信息。查找函数的流程图如图 6.7 所示。

【练习】：请写出完整 search_book() 函数，用于查询图书信息。

（4）修改函数 void modify_book()。函数功能：用户在选择 4 时调用此函数，首先根据图书名称查询该图书信息，然后选择子菜单输入新的字段信息，进行记录修改。修改信息的流程图如图 6.8 所示。

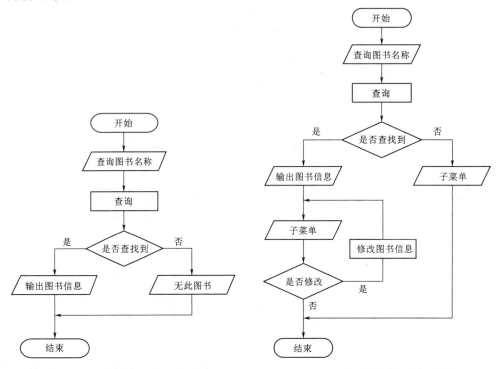

图 6.7　查询图书信息流程图　　　　图 6.8　修改图书信息流程图

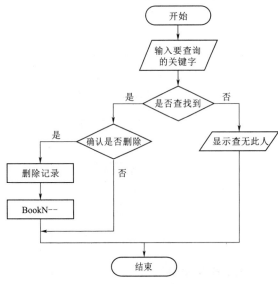

图 6.9　删除图书信息流程图

【练习】：请写出完整 modify_book() 函数，用于修改图书信息。

（5）删除函数 void del_book()。函数功能：用户在选择 5 时调用此函数，根据图书名称删除该图书信息，首先需要输入图书名称查询要删除的记录是否在数组中，查找到对应记录，再进行删除操作。结构体数组的删除操作采用前移覆盖方法，完成迁移后，将数组的实际存放长度减 1（BookN－），删除函数的流程图如图 6.9 所示。

【练习】：请写出完整 del_book() 函数的完整代码，用于删除图书信息。

6.5 程 序 实 现

根据以上各个函数的分析和部分代码，编辑完整的程序，实现基本的功能，在程序设计过程中，注意编程规范，并给出必要的注释。本节列出其中删除、保存和导入三个函数的实现代码，详细代码参看案例二维码。

1. 删除函数的实现

```c
/* 以下是删除图书模块代码,文件 delbook. c */
#include <stdio. h>
#include "bookheader. h"
#include <string. h>
extern struct BookManagment BookM[Max];
extern int BookN;
void del_book()
{
    //你的代码将写在这里
    char name[20];
    int i,j;
    printf("请输入要删除的图书名称:");
    fflush(stdin);
    gets(name);
    for(i=0;i<BookN;i++)
    {
        if(strcmp(name,BookM[i]. Name)==0)
        break;
    }
    for(j=i;j<BookN-1;j++)
    BookM[j]=BookM[j+1];
    BookN--;
    printf("\t\t 删除完成\n");
}
```

2. 保存函数的实现

```c
/* 以下是保存图书模块代码,文件 savebook. c */
#include <stdio. h>
#include <string. h>
#include "bookheader. h"
extern struct BookManagment BookM[1000];
extern int BookN;
void save_book()
{
    //你的代码将写在这里
    FILE * fp;
    fp=fopen("bookinfo. txt","wt");
```

```
    if(fp= =NULL)
    {
        printf("文件打开失败\n");
    }
    else
    {
        int i;
        fprintf(fp,"%10s%20s%20s%20s%20s%10s%15s%15s\n",
        "ID","图书名称","图书作者","出版社",
        "出版时间","在馆状态","借阅者姓名",
        "借阅者电话");
        //printf("%d",BookN);
        for(i=0;i<BookN;i++)
        fprintf(fp,"%10s%20s%20s%20s%20s%10s%15s%15s\n",
BookM[i]. ID,BookM[i]. Name,BookM[i]. Author,BookM[i]. PublishHouse,
BookM[i]. PublishDate,BookM[i]. Status,BookM[i]. ReaderName,BookM[i]. ReaderTel);
        fclose(fp);
    }
    printf("\t\t 保存完成\n");
}
```

3. 初始化函数的实现

```
/*以下是初始化模块代码,文件 initbook. c*/
#include <stdio. h>
#include "bookheader. h"
extern struct BookManagment BookM[1000];
extern int BookN;
int init_inf(Tel tel[MAX])
{
    FILE *fp;
    int i=0;
    fp=fopen("txl. txt","r");
    if(fp! =NULL)
    {
        while(fread(&tel[i],sizeof(Tel),1,fp)= =1)
            i++;
        fclose(fp);
    }
    return i;
}
```

6.6　拓展功能实现

以上增删改查、初始化、保存功能的开发完成后,可依据自身能力和项目特点对系统进行拓展创新，可进行的拓展功能包括但不限于以下功能，在拓展创新过程中遵循软件设计原则，并能够解决复杂的实践开发问题，锻炼综合实践能力。

（1）设计菜单时，可以设计多级菜单，比如一级菜单文件操作，下设保存文件、读取文件；比如数据操作，下设增删改查功能等。

（2）系统登录时，可以设置密码模块，增加系统的安全性。

（3）添加图书时，可以一次添加 N（输入）本图书信息；可以根据 ID 进行唯一性检查。

（4）查询图书时，可以根据关键字进行精确、模糊多种查询方式；可以进行多关键字的高级查询。

（5）修改图书时，根据查询结果，选择某一记录进行修改。

（6）删除图书时，根据查询结果，选择某一记录进行删除。

（7）显示图书时，可根据图书名称经过排序后显示，排序方法可以用冒泡排序、选择排序或其他排序方法来实现。

（8）图书统计，可以根据图书名称统计在馆的图书数量和借书的图书数量。

（9）其他创新拓展功能都可。

以上所列举的拓张功能仅仅是其中一部分，作为可自由拓展的部分，可以充分发挥创新精神和拓展能力。下面以其中几个拓展功能为例，进行程序编写。

1）密码模块 mima.c 文件。

```c
#include <stdio.h>
#include <stdlib.h>
void mima()
{
    char password[20]="HelloWorld";
    char word[20];
    for(int i=0;i<3;i++)
    {
        printf("请输入密码:");
        int j=0;
        char c;
        while (1) {
          c = getch(); //用 getch() 函数输入,字符不会显示在屏幕上
        if (c == '\r')
        { //遇到回车,表明密码输入结束
        break;
        }
        else if (c == '\b') { //遇到退格,需要删除前一个星号
        printf("\b \b");  //退格,打一个空格,再退格,实质上是用空格覆盖掉星号
        }
        else {
        word[j++] = c;//将字符放入数组
        printf(" * ");
        }
        }
    }
```

```
        word[j]='\0';
    if(strcmp(word,password)==0)
    {
        printf("欢迎进入图书管理系统\n");
        break;
    }
    else
    {
        printf("密码错误,");
        if(2-i! =0)
        printf("您还有%d次机会\n",2-i);
        else
        {
        printf("机会已用完,再见! \n");
        exit(0);
        }

    }
    }
}
```

说明：本程序设置初始密码为 HelloWord 字符串，限定三次输入机会，如果三次机会用完，使用 exit(0) 退出系统；如果密码正确，进入系统。

2）冒泡排序 sort. c 文件。

```
#include <stdio. h>
#include "bookheader. h"
#include <string. h>
extern struct BookManagment BookM[Max];
extern int BookN;
void sort_book()
{
    int i,j;
    struct BookManagment temp;
    for(i=1;i<BookN;i++)
    for(j=0;j<BookN-i;j++)
    {
        if(strcmp(BookM[j]. Name,BookM[j+1]. Name)>0)
        {
            temp=BookM[j];
            BookM[j]=BookM[j+1];
            BookM[j+1]=temp;
        }
    }
    printf("排序完成\n");
}
```

说明：按图书名称的拼音字母顺序进行冒泡排序，逆序交换时，注意是整条记录进行交换。

6.7　小　　结

本章介绍了小微图书系统的设计思路和实现过程，着重介绍了增删改查、文件操作等功能模块的设计原理和开发方法，主要利用工程、多文件、结构体数组的相关知识完成图书信息的添加、删除、修改、查找等功能，旨在帮助读者掌握 C 语言复杂项目的多文件设计思想和结构体数组的综合使用，为后续的 C 语言课程设计打下基础。

第 6 章　结构体数组应用案例 2
——小微图书管理系统的分析与设计

第7章

单链表应用案例1——大学生消费管理系统的分析与设计

7.1 案例导入，思政结合

每位大学生都有自己的消费习惯，为了更好地记录、管理自己的消费，本项目拟开发一个大学生消费管理系统，以此提醒、引导大学生更加合理地支配金钱，避免盲目消费，培养理性消费观念。同时，通过本系统，可以了解个人的消费行为对社会和家庭的影响，培养每位大学生自律和负责任的品格，在面对诱惑时保持节制，避免不良的消费行为，并将其融入日常生活中，有助于塑造有社会责任感和公民意识的大学生。

本项目的数据存储拟采用链式存储结构来实现，链式存储的线性表简称链表，从形式上看，链表中各个节点相互链接，表现出相互依赖和支持的关系，也体现了人与人之间的相互扶持，形成更加和谐的社会关系。链表中的每个结点都不是独立的，需要与其他结点合作共存，以此引导学生在团队中进行分工与协作，并培养学生的团队合作精神。另外，在链表中，每个结点都是平等的，没有优先级或者特殊地位，也体现了每个结点（社会团体中的每个个体）都是平等的，但又相互依赖共存，以此形成更加和谐的社会关系。

7.2 设 计 目 标

大学生消费管理系统应用软件给学生一个进行消费事项管理的小软件，实现对各项消费内容的统计、预警和管理。使用 C 语言中关系表达式、逻辑表达式、顺序结构、选择结构、循环结构、函数、指针、链表等程序设计的基本语法和语义结构，通过该综合训练，掌握线性表的链式存储，包括数据结构的定义，链表的生成，单链表的插入和删除等基本操作，能够综合运用并对数据做必要的分析和归纳。

7.3　总　体　设　计

7.3.1　功能模块设计

1. 系统操作主菜单界面

允许用户选择想要进行的操作，第一级目录包括收入管理、支出管理（消费）、统计结余和退出系统等操作。第二级目录收入管理包含添加收入、查询收入、修改收入、删除收入和返回上一级，支出管理中包含添加支出、查询支出、修改支出、删除支出和返回上一级，统计分析中包含月度统计和总体收支统计（图7.1）。

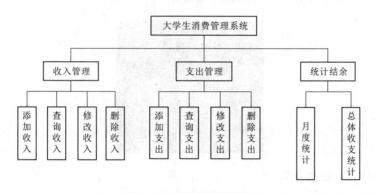

图7.1　系统功能模块图

2. 添加收入模块

用户根据提示，输入要添加的收入信息，包括收入的日期（要求输入年、月、日），收入来源（如父母转账、打工收入和其他来源）、金额等信息。输入完一条收入记录，将其暂时保存在单链表中，返回主菜单界面。

3. 查询收入模块

可以输入年月，查询某个月的收入，以列表的形式显示出来。

4. 修改收入模块

首先查询到你要修改的记录所在月份，并以列表形式显示该月的收入记录，然后根据收入记录所在的ID修改某一条收入记录，并修改单链表。

5. 删除收入模块

首先查询要修改的记录所在月份，并以列表形式显示该月的收入记录，然后根据收入记录所在的ID删除某一条收入记录，并修改单链表。

6. 统计分析模块

统计分析模块包括月度统计和总体收支。选择月度统计，输入需要统计的年月，会以列表的形式显示各个部分收入和各个部分的支出。

7.3.2　系统模块调用流程

系统的调用从用户界面的菜单模块选择开始，一级目录如下：

```
1.收入管理
2.支出管理
3.统计分析
0.退出系统
请输入你的选择：
```

选择 1 进行收入管理，选择 2 进行支出管理，选择 3 是统计分析模块，选择 0 退出系统。

进入收入管理模块以后，进入对应的二级目录如下：

```
请输入你的选择
1.添加收入
2.查询收入
3.修改收入
4.删除收入
0.返回上一级
请输入你的选择：
```

支出管理与收入管理类似。

进入统计分析模块后，对应的二级目录如下：

```
1.月度统计
2.总体收支
0.返回上一级
请输入你的选择：
```

系统退出之前，会将此次程序运行最后的结果保存到文件中，下次运行首先读取文件，再进行增删改查操作。

系统处理流程如图 7.2 所示。

7.3.3　数据结构设计

大学生消费管理系统中，消费记录采取结构体形式，并用链表进行存储，用 id 来表示每条记录的唯一标识，用 year、month 和 day 来表示支出或者收入的日期，type 表示记录的类型，用 1 来表示收入，−1 表示支出，category 用来表示收入和支出的类型，amount 用来表示收入、支出的具体金额，如果有备注信息，可以存储在 memo 中。

系统预处理信息如下：

＃include＜stdio. h＞/＊标准输入输出函数库＊/

＃include＜stdlib. h＞/＊标准函数库＊/

＃include＜string. h＞/＊字符串处理函数库＊/

数据类型声明可参考如下语句：

110

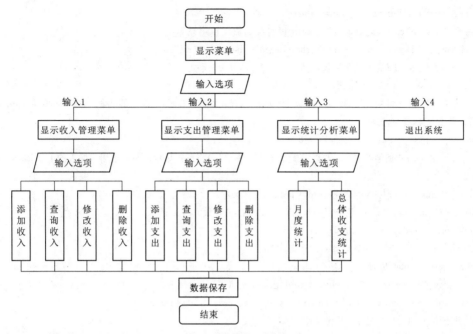

图 7.2　系统模块调用流程图

```
typedef struct Rec{
    int id; //记录 id
    int year,month,day;//年月日
    int type;//记录类型 1 收入,-1 支出
    int category;//收入类型:打工收入、父母转账、其他   支出类型:吃喝、娱乐、服装、学习
    float amount;//金额
    char   memo[50];//备注
    struct Rec * next;
}PurchaseRecord;
```

7.3.4　函数功能描述

根据大学生消费管理系统各个功能模块的需求,将读取文件内容、信息写入文件、添加记录、删除记录、修改记录、查询记录、统计分析等模块用函数进行结构化设计。以下内容主要展示包含主函数在内的主要功能模块的结构化设计过程。

1. 结构化框架搭建

主函数主要显示各功能模块的调用管理工作,首先调用 read_record_from_file() 函数,读取文件中已有的信息,在原有信息基础上进行插入、删除等操作。文件读取之后,显示一级目录,通过一级目录的选择来进行相应的其他操作。

函数声明及主函数如下:

```
//收入管理子菜单,包含添加收入、查询收入,修改收入,删除收入
PurchaseRecord * manage_input(PurchaseRecord * head,int * rid);
//支出管理子菜单,包含添加支出记录,查询支出,修改支出,删除支出
PurchaseRecord * manage_output(PurchaseRecord * head,int * rid);
//统计数据子菜单,包含月度统计,总体统计
```

```
void manage_statistics(PurchaseRecord * head);
//新建一个 PurchaseRecord,记录 id 根据 record_id 自增 1,加入 head 尾部
PurchaseRecord * add_purchase_record(PurchaseRecord * head,int * rid);
//根据 type 查询链表 head 中的消费记录,查询条件为年月,以表格形式显示
void query_purchase_record(PurchaseRecord * head, int type);
//根据 type 查询链表 head 中的消费记录,查询条件为年月,以表格形式显示,并根据用户输入的 PurchaseRecord id 进行
修改,只能修改金额,备注,类型
void modify_purchase_record (PurchaseRecord * head, int type);
//根据 type 过滤 head 中的消费记录,并以年月为查询条件,以表格形式显示,并根据用户输入的 PurchaseRecord id
进行删除
void delete_purchase_record(PurchaseRecord * head, int type);
//从当前目录的 data.dat 文件中,读取 PurchaseRecord 记录,并将最大的 id 返回
PurchaseRecord * read_record_from_file(int * rid);
//将 head 为起始节点的链表,保存到 data.dat 文件中
void write_record_to_file(PurchaseRecord * head);
//添加支出记录,即 type=-1 的 PurchaseRecord 记录到 head 尾部
PurchaseRecord * add_purchase_out_record(PurchaseRecord * head,int * rid);
//记录统计子菜单,包括总体统计和月份统计
void manage_statistics(PurchaseRecord * head);
//根据用户输入的年月,统计该月收支情况以及每月收入和支出的占比
void month_statistics(PurchaseRecord * head);
void total_statistics(PurchaseRecord * head);
int main()
{
    //生成菜单收入管理、支出管理、统计分析和退出系统菜单
    int choice;
    PurchaseRecord * head = NULL;
    int record_id =1;
    head = read_record_from_file(&record_id);
    //printf("rid=%d",record_id);
    while(1){
        printf("1. 收入管理\n2. 支出管理\n3. 统计分析\n0. 退出系统\n");
        printf("请输入你的选择:");
        scanf("%d",&choice);
        switch(choice){
            case 1:
                head = manage_input(head,&record_id);
                break;
            case 2:
                head = manage_output(head,&record_id);
                break;
            case 3:
                manage_statistics(head);
                break;
```

```
        case 0:
            write_record_to_file(head);
            exit(0);
            break;
        default:
            printf("输入错误,请重新输入\n");
            break;
        }
    }
}
```

通过一级目录，选择相应的操作，进入收入或者支出的管理页面，收入管理模块如下：

```
PurchaseRecord * manage_input(PurchaseRecord * head,int * rid)
{
    int choice;
    while(1)
    {
        printf("1. 添加收入\n2. 查询收入\n3. 修改收入\n4. 删除收入\n0. 返回上一级\n");
        printf("请输入你的选择:");
        scanf("%d",&choice);
        switch(choice)
        {
            case 1:
                head = add_purchase_record(head,rid);
                break;
            case 2:
                query_purchase_record(head,1);
                break;
            case 3:
                modify_purchase_record(head,1);
                break;
            case 4:
                delete_purchase_record(head,1);
                break;
            case 0:
                return head;
            default:
                printf("输入错误,请重新输入\n");
        }
    }
}
```

支出管理模块如下：

```
PurchaseRecord * manage_output(PurchaseRecord * head,int * rid)
{
```

```
    int choice;
    while(1)
    {
        printf("1. 添加支出\n2. 查询支出\n3. 修改支出\n4. 删除支出\n0. 返回上一级\n");
        printf("请输入你的选择:");
        scanf("%d",&choice);
        switch(choice)
        {
            case 1:
                head = add_purchase_out_record(head,rid);
                break;
            case 2:
                query_purchase_record(head,-1);
                break;
            case 3:
                modify_purchase_record(head,-1);
                break;
            case 4:
                delete_purchase_record(head,-1);
                break;
            case 0:
                return head;
            default:
                printf("输入错误,请重新输入\n");
        }
    }
}
```

　　仔细分析收入和支出模块,都调用了相同的增、删、改、查模块,区别在于第二个参数是 1 还是 -1,1 表示收入,-1 表示支出,在具体函数内实现的时候加以区分。

　　选择统计分析之后,进入二级目录,参考程序如下:

```
void manage_statistics(PurchaseRecord * head)
{
    int choice=0;
    while(1)
    {
        printf("1. 月度统计\n2. 总体收支\n0. 返回上一级\n");
        printf("请输入你的选择:");
        scanf("%d",&choice);
        switch(choice)
        {
            case 1:
                month_statistics(head);
                break;
            case 2:
```

```
            total_statistics(head);
            break;
        case 0:
            return;
        default:
            printf("输入错误,请重新输入\n");
        }
    }
}
```

说明：在编写程序之前，首先要规划系统功能，对功能进行合理的模块化设计，理解以上函数模块，并且请在以上程序模块的基础上，根据自己的要求进行修改与完善。

2. 函数设计

（1）添加收入函数。PurchaseRecord * add_purchase_record(PurchaseRecord * head,int * rid);

函数功能：用户在收入管理中选择 1 时调用此函数，此函数用尾插法来创建单链表，并将链表头指针返回。

添加收入函数处理流程图如图 7.3 所示：

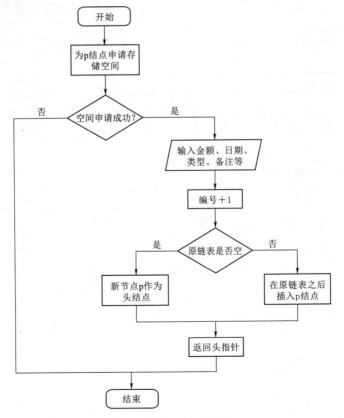

图 7.3 添加收入流程图

【练习】：请写出 add_purchase_record() 函数的完整代码，用于添加收入。

【练习】：同理，可以思考写出添加支出 add_purchase_out_record() 函数的完整代码。

（2）删除函数 void delete_purchase_record（PurchaseRecord ＊ head，int type）

函数功能：用户选择删除收入或者删除支出之后，进入此函数，用于从单链表中删除一条记录，第一个参数 head 表示头指针，第二个参数 type 表示类型，用来说明删除收入还是删除支出。

删除函数的流程图如图 7.4 所示。

【练习】：请写出完整 delete_purchase_record 函数的完整代码，用于删除单链表中的结点。

（3）修改函数 modify_purchase_record（PurchaseRecord ＊ head，int type）。

函数功能：在收入管理和支出管理中，若用户选择修改记录，可调用此函数，head 表示单链表头指针，type 表示类型，即收入还是支出。

修改信息的流程图如图 7.5 所示。

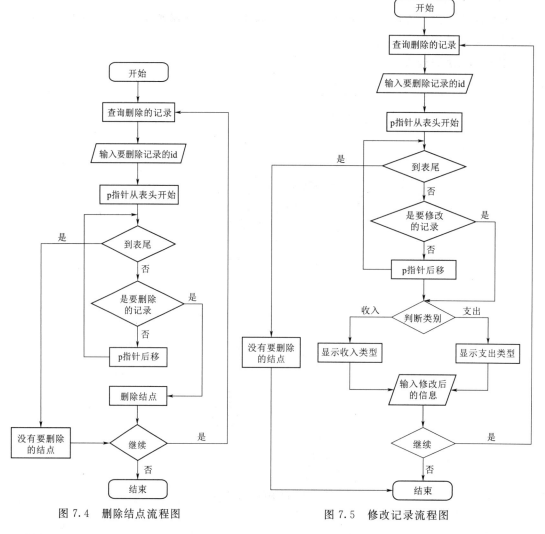

图 7.4　删除结点流程图　　　　　　　图 7.5　修改记录流程图

【练习】：请写出完整 modify_purchase_record（）函数，用于修改单链表中的信息。

（4）查找函数 query_purchase_record(PurchaseRecord ＊ head, int type)。

函数功能：此函数中的 head 表示头指针，type 用来标记是收入还是支出，收入的类型可以包括父母转账、打工收入、其他，支出的类型可以包括吃喝支出、服装支出、学习支出、娱乐支出等。根据实际情况考虑全面之后，上下文统一即可。

查找函数的流程图如图 7.6 所示。

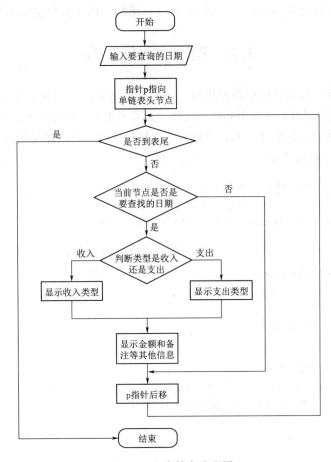

图 7.6　查询结点流程图

【练习】：请写出完整 query_purchase_record（）函数，用于查找需要的结点信息。

（5）统计总的收支函数 total_statistics(PurchaseRecord ＊ head)。

函数功能：该函数用来统计总的收入和支出，需要从 head 头指针开始，用两个数组，依次根据每个结点的类型来分别统计总的收入和支出，并且可以根据需要输出每一类收入和支出的具体金额。

【练习】：请写出完整 total_statistics（）函数，用于显示总的收支信息。

【练习】：同理，请写出完整 month_statistics（）函数，此函数可以根据输入的月份，来查找某一个月的收支信息。

（6）读取文件内容的函数 PurchaseRecord ＊ read_record_from_file(int ＊ rid)。

函数功能：此函数在每次运行程序时首先执行，用于查看当前文件中有哪些记录，调用该函数的语句在主函数最前面。

【练习】：请写出完整 read_record_from_file() 函数，用于读取当前文件中的记录。

（7）写入文件内容的函数 void write_record_to_file(PurchaseRecord * head)。

函数功能：此函数在每次退出程序时执行，在程序结束之前，将当前单链表中的结果保存到文件中。

【练习】：请写出完整 write_record_to_file() 函数，用于将数据写入到文件。

7.4　程　序　实　现

根据以上各个函数的分析和部分代码，编辑完整的程序，实现基本的功能，在程序设计过程中，注意编程规范，并给出必要的注释。本节列出其中添加收入、查询（含收入和支出）、删除收入、统计总的收支、写入文件五个函数的实现代码，详细代码参看案例二维码。

1. 添加收入函数的实现

```
PurchaseRecord * add_purchase_record(PurchaseRecord * head,int * rid)
{
    PurchaseRecord * p = (PurchaseRecord * )malloc(sizeof(PurchaseRecord));
    if(p == NULL)
    {
        printf("内存分配失败\n");
        exit(0);
    }
    printf("请输入收入金额:");
    scanf("%f",&p->amount);
    printf("请输入收入的日期(年-月-日):");
    scanf("%d-%d-%d",&p->year,&p->month,&p->day);
    printf("请输入收入类型(1 打工收入、2 父母转账、3 其他收入)");
    scanf("%d",&p->category);
    printf("请输入收入备注:");
    scanf("%s",p->memo);
    p->id= * rid;
    * rid= * rid+1;
    p->type=1;//收入
    p->next = NULL;
    if(head == NULL)
    {
        head = p;
    }
    else
    {
        PurchaseRecord * q = head;
```

```
    while(q->next ! = NULL)
    {
        q = q->next;
    }
    q->next = p;
}
return head;
}
```

2. 查询函数的实现

```
void query_purchase_record(PurchaseRecord * head, int type)
{
    PurchaseRecord *  p = head;
    int y,m;
    printf("请输入日期(年-月):");
    scanf("%d-%d",&y,&m);
    printf("编号\t 日期\t\t 收入类型\t 收入金额\t 备注\n");
    while(p ! = NULL)
    {
        if(p->type == type && p->year == y && p->month == m)
        {
            printf("%d\t",p->id);
            printf("%d-%d-%d\t",p->year,p->month,p->day);
            if(p->type == 1)
            {
                if(p->category == 1)
                {
                    printf("打工收入");
                }
                if(p->category == 2)
                {
                    printf("父母转账");
                }
                if(p->category == 3)
                {
                    printf("其他收入");
                }
            }
            else
            {
                if(p->category == 1)
                {
                    printf("吃喝支出");
                }
                if(p->category == 2)
```

```
                {
                        printf("娱乐支出");
                }
                if(p->category == 3)
                {
                        printf("服装支出");
                }
                if(p->category == 4)
                {
                        printf("学习支出");
                }
            }
            printf("\t");
            printf("%f\t",p->amount);
            printf("%s\n",p->memo);
        }
        p = p->next;
    }
}
```

3. 删除收入函数的实现

```
void delete_purchase_record(PurchaseRecord * head,int type)
{
    char yn ='Y';
    do{
        query_purchase_record(head,type);//先调用查询函数并显示
        int id;
        //输入用户要删除的 record id
        printf("请输入要删除的记录 id:");
        scanf("%d",&id);
        PurchaseRecord * p = head;
        while(p->next != NULL)
        {
            if(p->id == id)
            {
                break;
            }
            p = p->next;
        }
        if(p==NULL){
            printf("没有该记录\n");
            return;
        }
        PurchaseRecord * q = p->next;
        free(p);
```

```
            p = q;
            printf("是否继续删除？（继续请按 y/Y):");
            scanf("%c",&yn);
        }
    while (yn=='Y'||yn=='y');
}
```

4. 统计总的收支函数

```
void total_statistics(PurchaseRecord * head)
{
    float total_in=0, total_out=0;
    float in_category_total[3],out_category_total[4];
    int i;
    for(i=0;i<3;i++) in_category_total[i]=0;
    for(i=0;i<4;i++) out_category_total[i]=0;
    PurchaseRecord * p = head;
    while(p! =NULL)
    {
            if(p->type==1)
            {
                total_in += p->amount;
                in_category_total[p->category-1] += p->amount;
            }
            else
            {
                total_out += p->amount;
                out_category_total[p->category-1] += p->amount;
            }
            p=p->next;

    }
    printf("总收入:%f \t 总支出：%f,结余:%f\n",total_in,total_out,total_in-total_out);
    printf("收入分类:\n");
    printf("1 打工收入 \t2 父母转账\t3 其他收入\n");
    for(i=0;i<3;i++){
        printf(" %f\t",in_category_total[i]);
    }
    printf("\n 支出分类:\n");
    printf("1 吃喝支出 \t2 娱乐支出\t3 服装支出 \t4 学习支出\n");
    for(i=0;i<4;i++){
        printf(" %f\t",out_category_total[i]);
    }
    printf("\n");
}
```

5. 写入文件函数的实现

```
void write_record_to_file(PurchaseRecord * head)
{
    FILE * fp;
    fp = fopen("data.dat","w");
    if(fp==NULL)
    {
        printf("文件打开失败! \n");
        return;
    }
    PurchaseRecord * p = head;
    while(p! =NULL)
    {
        fwrite(&p->id, sizeof(int), 1, fp);
        fwrite(&p->type, sizeof(int), 1, fp);
        fwrite(&p->category, sizeof(int), 1, fp);
        fwrite(&p->year, sizeof(int), 1, fp);
        fwrite(&p->month, sizeof(int), 1, fp);
        fwrite(&p->day, sizeof(int), 1, fp);
        fwrite(&p->amount, sizeof(float), 1, fp);
        fwrite(p->memo, sizeof(char), 50, fp);
        p = p->next;
    }
    fclose(fp);
}
```

7.5　拓 展 功 能 实 现

以上基本功能的开发完成后，可依据自身能力和项目特点对系统进行拓展创新，可进行的拓展功能包括但不限于以下功能，在拓展创新过程中遵循软件设计原则，并能够解决复杂的实践开发问题，锻炼综合实践能力。

（1）删除一条记录之后，自动更新序号。

（2）显示记录时，可根据需要的字段进行排序，如按日期排序，按消费类型排序等。

（3）如果支出超过总的收入，要能够提示余额不足，或者余额在一定值的时候，能够提醒大学生要合理消费。

（4）添加记录时，是否可以自动填入当前的日期，而不需手动输入。

（5）查询记录时，可以再根据消费种类或者收入种类进行查询。

（6）统计汇总时，可以汇总某一类商品的消费情况。

（7）思考是否可以把该系统拓展为班级的班费管理系统。

（8）在界面设计上，是否可以更加美观、一目了然。

（9）其他创新拓展功能都可。

　　以上所列举的拓展功能仅仅是其中一部分，作为可自由拓展的部分，大家可根据自己的实际需求进行补充，以求更符合当代大学生实际消费需求的记录。

7.6　小　　结

　　本章介绍了简单的大学生消费管理系统的设计思路和实现过程，着重介绍了单链表的创建、插入、删除等基本操作，各个功能模块的流程设计，并设置了部分独立思考的模块，旨在帮助读者进一步了解综合项目的设计和开发，能够用链式存储结构来对数据进行存储和操作。

第 7 章　单链表应用案例 1
——大学生消费管理系统的分析与设计

单链表应用案例 2——城市管理系统的分析与设计

8.1 案例导入，思政结合

我们国家的每一个城市都有其特殊的魅力，为了更好地展示每个城市的基本信息，并方便每一位用户查找相关的信息，本项目拟利用单链表的方式创建一个城市管理系统。

在开发城市管理系统的时候，可以根据需要增加一些包含社会责任感的元素，如环境状况、社会发展等。通过这个系统，可以引导人们提高社会责任感，思考城市的可持续发展和社会整体状况。在开发过程中，做到公平公正，每个城市的信息都能够被公平地管理和访问。管理城市信息需要遵循法律法规，强调法治观念。系统设计中应当考虑如何保证信息的合法获取和使用，避免滥用数据。

本项目拟采用链式存储的方式存储数据，当前系统存储的是多个城市的基本信息，将所有城市链接在一起，本身是一个所有城市团结一心的表现，而每个城市也有其特殊性，也能够反映社会中不同文化的存在。同学们在设计链表时应当灵活，鼓励创新。节点的结构和数据的组织可以有一定的自由度，以满足不同的需求。

8.2 设 计 目 标

基于链表的城市信息管理系统主要用于存储城市的基本信息，如城市名称、坐标、人口数量、城市亮点等基本信息，可以根据实际的需求进行扩充，本节内容仅包含城市名称、坐标、人口和面积，其他相关数据有兴趣的同学可以进行添加。

本项目的主要功能模块如下：

（1）创建一个带有头结点的单链表。

（2）生成单链表，结点中应包含城市名、城市的位置坐标、人口数量和面积等基本信息。

（3）对城市链表能够利用城市名和位置坐标进行有关查找、插入、删除、更新等操作。

（4）能够对每次操作后的链表动态显示。

通过该综合训练，掌握线性表的链式存储，并且将不同的功能模块分别写在不同的文件中，实现多文件操作，能够综合运用并对数据做必要的分析和归纳。

8.3　总　体　设　计

8.3.1　功能模块设计

为了实现以上功能，可以从以下三个方面着手设计。

1. 主界面设计

为了实现城市链表相关操作功能的管理，设计一个含有多个菜单项的主控菜单子程序以及系统的各项子功能，方便用户使用本程序。本系统主控菜单运行界面如下所示。

2. 存储结构设计

本系统主要采用链表结构类型来表示存储在"城市链表"中的信息。其中链表结点由五个分量组成：城市名 Name、城市的坐标 Co、人口数量 People、面积 Area 和指向下一个结点的指针 next。

3. 系统功能设计

本程序设计了九个功能子菜单（图 8.1），其描述如下：

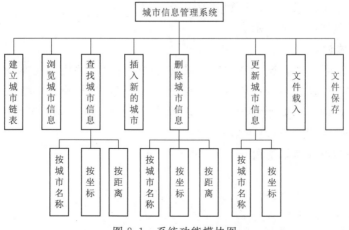

图 8.1　系统功能模块图

125

（1）建立城市链表。由函数 CreateCityInfo() 实现。该功能实现城市结点的输入以及连接。

（2）浏览城市链表。由函数 PrintAll() 实现。该功能实现将所有保存起来的城市信息显示出来。

（3）城市链表的查找。由函数 SearchInfo() 实现。该功能实现根据城市名称或者坐标进行查找，由 SearchUseName() 实现按城市名称查询，SearchUseCo() 实现按坐标位置查询，由 SearchInDis() 实现按距离查找。

（4）城市链表的插入。由函数 InsertInfo() 实现在表尾插入一个城市信息。

（5）删除链表记录。由 DelInfo() 函数实现，包含 DelUseName() 按名字删除和 DelUseCo() 按坐标删除。

（6）更新链表信息。由 UpInfo() 函数实现。UpUseName() 功能实现按照城市名更新，pUseCo() 表示按坐标来更新其他详细信息。

（7）文件保存。由 FileHandle() 函数实现文件的保存，将更新的数据保存到文件中。

（8）文件载入。由 FileLoad() 函数实现。该功能实现从文件中读取数据，以便做接下来的操作。

（9）退出链表系统。由 exit(0) 实现。

8.3.2　系统模块调用流程

以"查找城市信息"为例，在主菜单中输入 3，进行查找，此时进入二级目录。

```
****************查找方式****************
*        1.按名称                      *
*        2.按坐标                      *
*        3.查找离城市 X 距离 Y 内的城市 *
*        0 返回主菜单                  *
****************************************
请输入您的查找方式:
```

选择 1 能够进行按名称的查找，选择 2 是按坐标进行查找，选择 3 能够查找离城市 X 距离 Y 的城市，选择 0 返回主菜单。

因为在删除和更新之前都要进行查找，因此"删除城市信息""更新城市信息"与查找类似，找到相应的记录后再进行删除或更新。

系统处理流程如图 8.2 所示。

8.3.3　数据结构设计

城市信息管理系统中，城市基本信息采取结构体形式，并用多文件形式进行编辑，每个节点用链表进行存储，因城市名称都是唯一的，这里不另外设唯一标识的字段，直接用城市名称来表示，用坐标类型 COORD 来表示城市坐标，用 People 来表示城市人口数量，Area 表示城市面积，用 *Next 来表示指针域。

数据类型声明可参考如下语句：

```
typedef struct City
{
    char Name[20];
    COORD Co;
```

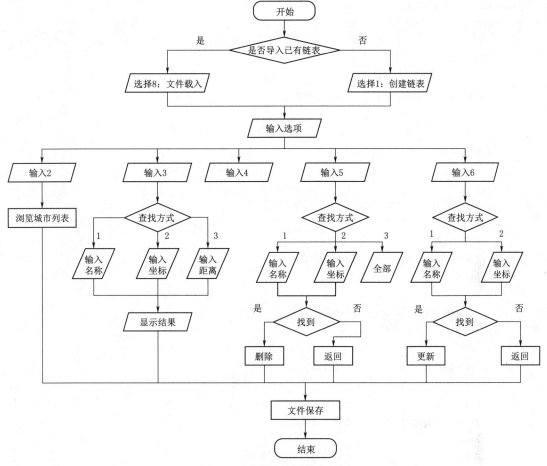

图 8.2　系统模块调用流程图

　　int People；

　　int Area；

　　City ＊Next；

} ＊pCity；

　　其他如有更多个性化的信息需要添加，大家可以根据需要自行添加相关的数据类型。

8.3.4　文件功能描述

　　城市信息管理系统采取多文件方式进行开发，多文件方式的开发方式不仅是将分模块的编程思想引入，而且能够将功能模块划分得更加清晰，方便程序调试，也能够使主程序更加简洁。

　　以下主要展示各个文件的主要内容以及文件内的相关函数。

　　1. 结构框架搭建

/ ＊ main. cpp 主程序文件 ＊ /

　　主程序主要是主函数，并在前面包含 Common. h。主函数实现空链表的创建和菜单选择项。

```
#include "Common. h"
int main()
{
    int Choice,k=0；
    pCity Head=NULL；    //初始化链表
    while(Choice=MainMenu(k))  //菜单选择
    {
      k++；
      switch (Choice)
      {
      case 1：
          Head=CreateCityInfo(Head)；  //创建城市链表
          break；
      case 2：
          PrintAll(Head)；   //浏览所有城市信息
          break；
      case 3：
          SearchInfo(Head)；    //查询城市信息
          break；
      case 4：
          InsertInfo(Head)；    //插入新的城市
          break；
      case 5：
          Head=DelInfo(Head)；   //删除城市信息
          break；
      case 6：
          UpInfo(Head)；           //更新城市信息
          break；
      case 7：
          Head=FileHandle(Head)；               //文件处理
          break；
      case 8：
          Head=FileLoad()；              //文件载入
          break；
      case 9：
          SubMainMenu()；    //显示主菜单
      default：
          break；
      }
    }
    return 0；
}
/ * Common. h 基本结构及函数声明头文件 * /
#include <string. h>
```

```
#include <stdio.h>
#include <malloc.h>
#include <stdlib.h>
#include <conio.h>
#include <windows.h>
#define LEN sizeof(City)
typedef struct City                       //城市信息的基本结构
{
    char Name[20];
     COORD Co;
    int People;
    int Area;
     City * Next;
} * pCity;


int   MainMenu(int k);                    //主菜单选择
void SubMainMenu();
pCity CreateCityInfo(pCity Head);         // 城市链表建立
void   PrintAll (pCity p);                // 打印所有
void   SearchInfo(pCity Head);            //查找
pCity SearchUseName(pCity Head);          //用名字查找
pCity SearchUseCo(pCity Head);            //用坐标查找
void InsertInfo(pCity Head);              //插入
pCity SearchInDis(pCity Head);            //用距离查找
pCity DelInfo(pCity Head);                //删除信息
void DelUseName(pCity Head);              //删除按姓名
void DelUseCo(pCity Head);                //删除按坐标
pCity DelAll(pCity Head);                 //删除所有
void UpInfo(pCity Head);                  //修改信息
void UpUseName(pCity Head);               //修改用名字
void UpUseCo(pCity Head);                 //修改用坐标
void UpDetail(pCity p);                   //修改具体每一项
int   YNChoice();                         //专门执行 Y/N 选择,选是为 Y,//不是为 N,其他无效
int NumberChoice(int Min,int Max);        //数字选择,返回 Min 到//Max 之间的一个数
void Suspand();                           //清理缓存
pCity FileHandle(pCity Head);             //文件保存
pCity FileLoad();                         //文件加载
/ * Common. cpp:实现选择、文件加载与保存 * /
```

该文件主要实现 yes/no 的选择，其他选项的选择，以及文件的加载和保存。这里是几个通用函数，在此先做说明。

```
#include "Common. h"
#include <fstream>
#include <iostream>
```

```
int YNChoice()    //专门执行 Y/N 选择,选是为 Y,不是为 N,其他无效
{
    char Jump,k=1;
    do
    {
        fflush(stdin);
        if (k! =1)
        {
            printf("选择有误,请重新选择 (Y/N): ");
        }
        Jump=getchar();
        k++;
    }while(! (Jump=='Y'||Jump=='y'||Jump=='N'||Jump=='n'));
    if (Jump=='Y'||Jump=='y')
    {
        return 1;
    }
    else
        return 0;
}
int NumberChoice(int Min,int Max)    //用于数字选项的选择
{
    int k=0;int x;
    do{
        fflush(stdin);
        if(k)
            printf("选择有误,请重新选择:");
        scanf("%d",&x);
        k++;
    }while(x<Min||x>Max);
    return x;
}
void Suspand()     //更新缓存区
{
    fflush(stdin);
    getchar();
}
pCity FileHandle(pCity Head){    //文件保存函数
    pCity p = Head;
    std::ofstream outfile("city.txt",std::ios::out| std::ios::binary);    //将缓冲区的内容输出到文件 city.txt
    while(p! =NULL){
        outfile.write((char * )p,sizeof(City));
        p=p->Next;
    }
```

```
        outfile. close();
        return Head;
}

pCity FileLoad(){      //读取文件函数
    pCity head=NULL;
    pCity t=head;
    std::ifstream infile("city. txt", std::ios::in|std::ios::binary);     //从文件读取数据到缓冲区
    if(! infile){
        return NULL;
    }
    while(infile){
        pCity p= (pCity)malloc(sizeof(City));
        p->Next=NULL;
        infile. read((char * )p,sizeof(City));
        if(infile. gcount()<=0){
            free(p);
            break;
        }
        if(t==NULL){
            head=p;
            t=p;
        }else{
            t->Next = p;
            t=p;
        }
    }
    infile. close();
    return head;
}
```

/ * Menu. cpp：功能菜单 * /

功能菜单可以根据需要进行设置。

/ * Create. cpp：创建城市链表 * /

当首先加载了已有链表之后，如果又选择创建城市链表，系统会问是否需要重新创建，一旦重新创建，将首先删除整个链表，然后重新创建。

/ * Insert. cpp：插入一个新的城市 * /

本文件用来在表尾插入一个新的城市，如果选择该选项时，链表为空，系统会提示需要重新创建一个链表。

/ * Search. cpp：查找城市信息 * /

本文件包含了按照名称、按照坐标和按照距离查找的几个函数，方便用户根据需要进行选择。

/ * Delete. cpp：删除城市信息 * /

本文件包含几个删除函数，用户可以根据名称或者坐标来删除相关的城市。也可以直

接删除链表所有记录。

/ * Update. cpp：更新城市信息 * /

本文件包含几个更新的函数，信息在更新之前也是首先需要查找到需要更新的城市，然后根据名称或者坐标进行更新。

/ * Printf. cpp：输出城市信息 * /

本文件用于浏览、输出链表中所有城市的信息。

说明：在编写程序之前，首先要规划系统功能，对功能进行合理的模块化设计，理解以上各个文件的作用，因为文件声明都写在 Common. h 文件中，在其他文件第一行都要补充♯include "Common. h"语句，并且请在以上程序模块的基础上，根据自己的要求进行修改与完善。

2. 主要文件（函数）设计

（1）Create. cpp 文件。用于创建链表的 Create. cpp 文件主要包含 pCity CreateCityInfo(pCity Head) 函数。

函数功能：用户主菜单中选择1时调用此函数，此函数用尾插法来创建单链表，并将链表头指针返回。

添加城市函数处理流程图如图 8.3 所示。

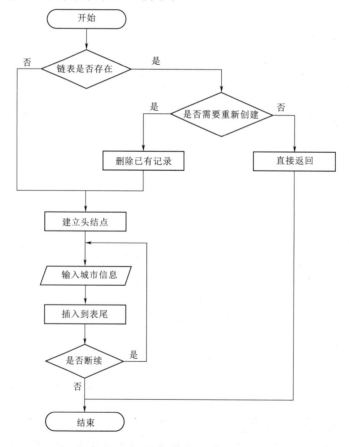

图 8.3 添加收入流程图

【练习】：请写出 pCity CreateCityInfo() 函数的完整代码，用于添加城市。

（2）Search.cpp 文件。用于查询的 Search.cpp 文件中，首先要包含 Common.h 头文件，其余包含以下四个函数：

```
void SearchInfo(pCity Head);          //选择查询信息；
pCity SearchUseName(pCity Head);      //按名字查询；
pCity SearchUseCo(pCity Head);        //按坐标查询；
pCity SearchInDis(pCity Head);        //按距离查询。
```

函数功能：用户调用 SearchInfo() 函数选择查询类型之后，分别调用不同的函数运行程序。

SearchInfo() 函数用于根据用户的选择调用不同的函数进行具体的查找。其流程图如图 8.4 所示。

【练习】：根据需求，请写出完整 void SearchInfo（pCity Head）、pCity SearchUseName（pCity Head）、pCity SearchUseCo（pCity Head）和 pCity SearchInDis（pCity Head）函数的完整代码，用于查找相应的结点。

（3）Insert.cpp 文件。用于新增城市的 Insert.cpp 主要包含 void InsertInfo（pCity Head）函数，主要用于在链表尾部插入新结点。

新增结点的流程图如图 8.5 所示。

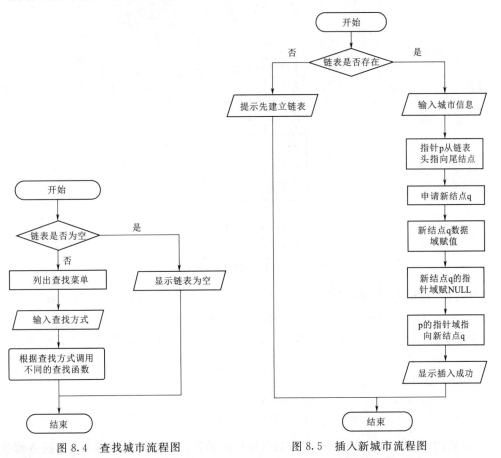

图 8.4 查找城市流程图   图 8.5 插入新城市流程图

133

【练习】：请写出完整 InsertInfo() 函数，用于增加新的城市信息。

（4）Delete. cpp 文件。用于删除城市信息的文件 Delete. cpp 包含以下几个函数：

```
pCity DelInfo(pCity Head)          //选择删除类型；
void DelUseName(pCity Head)        //按名字删除；
void DelUseCo(pCity Head)          //按坐标删除；
pCity DelAll(pCity Head)           //删除所有。
```

函数功能：用户调用 DelInfo() 函数选择删除类型之后，分别调用不同的函数进行删除。以按名字删除为例，其流程图如图 8.6 所示。

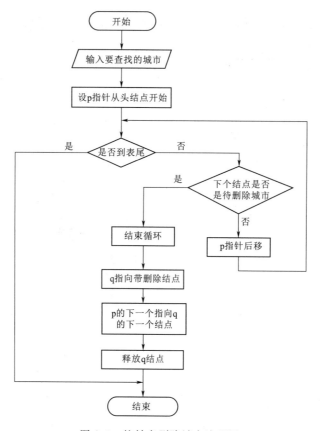

图 8.6　按姓名删除城市流程图

【练习】：根据需求，请写出 void DelUseName（pCity Head）、void DelUseCo（pCity Head）、pCity DelAll（pCity Head）函数的完整代码。

（5）Update. cpp 文件。用于修改城市信息的文件 Update. cpp 包含以下几个函数：

```
void UpInfo(pCity Head)          //更新信息的选择菜单；
void UpUseName(pCity Head)       //用名字查找城市；
void UpUseCo(pCity Head)         //用坐标查找城市；
void UpDetail(pCity p)     //根据查找到的结点修改详细信息。
```

函数功能：用户调用 UpInfo() 函数选择修改类型之后，分别调用不同的函数修改相关城市信息。

用名称查找城市并调用修改函数的代码如下：

```
void UpUseName(pCity Head)
{
    pCity p;
    p=SearchUseName(Head);
    if(p==NULL)
    {
        printf("该城市信息不存在,无法更新\n");
        Suspand();
        return ;
    }
    UpDetail(p);
}
```

【练习】：参考 DelInfo 函数将 UpInfo 函数补充完整。

【练习】：参考 UpUseName 函数将 UpUseCo 函数补充完整。

UpDetail 函数即根据查找到的待修改结点，询问用户是否修改相关信息，如果用户选择是，对该结点的值重新赋值，否则就跳过修改下一个信息，程序参考如下：

```
void UpDetail(pCity p)
{
    char Name[20];
    COORD Co;
    int People;
    int Area;
    printf("是否修改名称(Y/N)？");
    if (YNChoice())
    {
        printf("请输入新名称:\n");
        fflush(stdin);
        gets(Name);
        strcpy(p->Name,Name);
    }
    printf("是否修改坐标(Y/N)？");
    if (YNChoice())
    {
        printf("请输入新坐标,形如(X Y)？");
        scanf("%d%d",&Co.X,&Co.Y);
        p->Co.X=Co.X;
        p->Co.Y=Co.Y;
    }
    printf("是否修改人口(Y/N)？");
    if (YNChoice())
```

```
    {
        printf("请输入新的人口数据:");
        scanf("%d",&People);
        p->People=People;
    }
    printf("是否修改面积(Y/N)？");
    if(YNChoice())
    {
        printf("请输入新面积:");
        scanf("%d",&Area);
        p->Area=Area;
    }
    printf("              修改成功! \n");
    Suspand();
}
```

（6）读取文件内容的函数 pCity FileLoad()。函数功能：此函数在每次开始执行程序时，询问用户是否需要导入已有文件。

【练习】：请写出完整 pCity FileLoad() 函数，用于将文件中的数据导出。

（7）写入文件的函数 pCity FileHandle（pCity Head）。函数功能：此函数在每次结束程序时，用户根据需要选择是否将当前的链表导出到文件中。

【练习】：请写出完整 pCity FileHandle () 函数，用于将当前链表数据保存到文件。

8.4　程　序　实　现

根据以上各个函数的分析，搭建基本框架，实现基本的功能，在程序设计过程中，注意编程规范，并给出必要的注释。本节列出其中创建城市链表、添加城市、查询信息、添加城市、删除城市的部分代码，其余详细代码参看案例二维码。

1. 创建链表 Create.cpp 文件中的函数实现

```
#include "Common.h"
pCity CreateCityInfo(pCity Head)              // 创建城市链表
{
    pCity DelCity,Tem;
    if (Head)
    {
        printf("链表已经存在,确定重新建立（Y/N）");
        if(YNChoice())
        {
            DelCity=Head->Next;
            while (DelCity)                 //删除所有
            {
                Tem=DelCity->Next;
```

```
                free(DelCity);
                DelCity＝Tem;
            }
            Head＝NULL;
        }
        else
            return Head;
}
Head＝(pCity)malloc(LEN);            //建立头结点
Head－＞Next＝NULL;
char Name[20];
int   Jum;//跳出输入循环用
COORD Co;
int People;
int Area;
int k＝1;
int i＝1;                            //控制 while 里的循环
printf("请输入城市的名称:");
fflush(stdin);
gets(Name);
printf("请输入 %s 的坐标,形如(X Y):",Name);
fflush(stdin);
scanf("%d%d",&Co. X,&Co. Y);
printf("请输入 %s 的人口:",Name);
fflush(stdin);
scanf("%d",&People);
printf("请输入 %s 的面积:",Name);
fflush(stdin);
scanf("%d",&Area);
Jum＝1;
while(Jum)
{
    pCity Tem＝(pCity)malloc(LEN);
    if(k! ＝1)
    {
        printf("请输入城市的名称:");
        fflush(stdin);
        gets(Name);
        printf("请输入 %s 的坐标,形如(X Y):",Name);
        fflush(stdin);
        scanf("%d%d",&Co. X,&Co. Y);
        printf("请输入 %s 的人口:",Name);
        fflush(stdin);
        scanf("%d",&People);
```

```
            printf("请输入 %s 的面积:",Name);
            fflush(stdin);
            scanf("%d",&Area);
        }
        strcpy(Tem->Name,Name);
        Tem->Co.X=Co.X;
        Tem->Co.Y=Co.Y;
        Tem->People=People;
        Tem->Area=Area;
        Tem->Next=Head->Next;
        Head->Next=Tem;                //连接了两个节点
        printf("信息录入成功,是否继续添加:(Y/N)");
        Jum=YNChoice();
        i=1;
        k++;
    }
    return Head;
}
```

2. 添加城市 Insert.cpp 文件中的函数实现

```
void InsertInfo(pCity Head)                //插入
{
    pCity p=Head;
    char CityName[30]={'\0'};
    char szName[30]={'\0'};
    COORD Co;
    int People;
    int Area;
    if(! Head)
    {
        printf("链表未建立,请先建立链表\n");
        Suspand();
        return ;
    }
    fflush(stdin);
    printf("请输入城市的名称:");
    gets(CityName);
    fflush(stdin);
    printf("请输入 %s 的坐标,形如(X Y):",CityName);
    scanf("%d%d",&Co.X,&Co.Y);
    fflush(stdin);
    printf("请输入 %s 的人口:",CityName);
    scanf("%d",&People);
    fflush(stdin);
```

138

```
        printf("请输入 %s 的面积:",CityName);
        scanf("%d",&Area);
        while(p->Next)
        {
            p=p->Next;
        }
        pCity Tem=(pCity)malloc(LEN);
        strcpy(Tem->Name,CityName);
        Tem->Co.X=Co.X;
        Tem->Co.Y=Co.Y;
        Tem->People=People;
        Tem->Area=Area;
        Tem->Next=p->Next;
        p->Next=Tem;
        printf("插入链表成功!!! \n");
        Suspand();
}
```

3. 查找城市 Search.cpp 中的函数实现

```
#include "Common.h"
void  SearchInfo(pCity Head)                //查找
{
    int Choice;
    pCity pResult;
    system("cls");
    if(Head)
    {
        printf(" ******************* 查找方式 **************** \n");
        printf(" *           1. 按名称                    * \n");
        printf(" *           2. 按坐标                    * \n");
        printf(" *           3. 查找离城市 X 距离 Y 内的城市 * \n");
        printf(" *           0 返回主菜单                  * \n");
        printf(" ******************************************** \n");
        printf("请输入您的查找方式:");
        Choice=NumberChoice(0,3);
        switch (Choice)
        {
        case 1:
            if(pResult=SearchUseName(Head))
            {
                printf("找到了该城市:\n");
                printf("\t\t 城市\t\t 坐标\t\t 人口\t 面积\n");
                PrintOne(pResult);
            }
```

```
            else
            {
                printf("抱歉！没有找到您要找的城市！\n");
            }
            Suspand();
            break;
        case 2:
            if(pResult＝SearchUseCo(Head))
            {
                printf("找到了该城市:\n");
                printf("\t\t城市\t\t坐标\t\t人口\t面积\n");
                PrintOne(pResult);
            }
            else
            {
                printf("抱歉！没有找到您要找的城市！\n");
            }
            Suspand();
            break;
        case 3:
            SearchInDis(Head);
            Suspand();
            break;
        default:
            break;
        }

    }
    else
    {
        printf("链表未建立,请先建立链表\n");
        Suspand();
    }
}
pCity SearchUseName(pCity Head)                    //用名字查找
{
    char CityName[20];
    pCity p＝Head;
    printf("请输入城市名:");
    fflush(stdin);
    gets(CityName);
    while (p＝p－＞Next)
    {
        if (! strcmp(CityName,p－＞Name))
```

```
        {
            break;
        }
    }
    return p;
}
pCity SearchUseCo(pCity Head)                 //用坐标查找
{
    int x,y;
    pCity p=Head;
    printf("请输入城市坐标,形如(X Y):");
    scanf("%d%d",&x,&y);
    while (p=p->Next)
    {
        if (p->Co. X==x&&p->Co. Y==y)
        {
            break;
        }
    }
    return p;
}
pCity SearchInDis(pCity Head)                 //用距离查找
{
    int Dis,x,y,k=0;
    pCity q=Head;
    if(! Head)
    {
        printf("链表未建立,请先建立链表\n");
        return NULL;
    }
    printf("请给定一个坐标,形如(X Y):");
    fflush(stdin);
    scanf("%d%d",&x,&y);
    printf("请给定一个距离:");
    fflush(stdin);
    scanf("%d",&Dis);

    while (q=q->Next)
    {
    if((x-q->Co. X) * (x-q->Co. X)+(y-q->Co. Y) * (y-q->Co. Y)<=Dis * Dis)   //判断距离在范
围内
        {
            if(! k)
            {
```

```
            printf("以下城市满足条件:\n");
            printf("\t\t 城市\t\t 坐标\t\t 人口\t 面积\n");
        }
        PrintOne(q);
        k++;
    }
}
if (! k)
{
    printf("抱歉! 没有城市满足条件! \n");
}
return q;
}
```

说明：其中，PrintOne（）函数被存放在 Printf. cpp 文件中，用于打印一条记录，Suspand（）函数被存放在 Common. cpp 文件中，用于清理缓存，前面已经显示过。

4. 删除城市 Delete. cpp 文件中的函数实现

```
#include "Common. h"
pCity DelInfo(pCity Head)
{
    int Choice,k=1;
    if(! Head)
    {
        printf("链表未建立,请先建立链表\n");
        return Head;
    }
    system("cls");
    printf("          ************** 删除选项 ************* \n");
    printf("          *          1. 按名字          *\n");
    printf("          *          2. 按坐标          *\n");
    printf("          *          3. 删除全部         *\n");
    printf("          *          0. 返回主菜单        *\n");
    printf("          ******************************* \n");
    printf("请选择删除方式： ");
    Choice=NumberChoice(0,3);
    switch (Choice)
    {
    case 1 :
        DelUseName(Head);
        break;
    case 2 :
        DelUseCo(Head);
    case 3:
        Head=DelAll(Head);
        break;
```

```
        default：
            break；
        }
        return Head；
}
void DelUseName(pCity Head)            //按城市名删除
{
        pCity p=Head,q=Head->Next,t；
        char CityName[20]；
        printf("请输入要删除的城市名称:")；
        fflush(stdin)；
        gets(CityName)；
        while (q)
        {
            if (! strcmp(CityName,q->Name))
            {
                break；
            }
            p=q；
            q=q->Next；

        }
        if (q)
        {
            t=q；
            p->Next=q->Next；
            free(t)；
            printf("删除成功!!! \n")；
        }
        else
        {
            printf("没有找到指定城市,删除失败!!! \n")；
        }
        Suspand()；
}
void DelUseCo(pCity Head)            //删除按坐标
{
        int x , y ；
        pCity   p= Head , q = Head->Next,t；
        printf("请输入城市坐标,形如(X Y):\n")；
        scanf("%d%d",&x,&y)；
        while (q)
        {
            if (p->Co. X==x&&p->Co. Y==y)
```

```
        {
            break;
        }
        p=q;
        q=q->Next;
    }
    if (q)
    {
        t=q;
        p->Next=q->Next;
        free(t);
        printf("删除成功!!! \n");
    }
    else
    {
        printf("没有找到指定城市,删除失败!!! \n");
    }
    Suspand();
}
pCity DelAll(pCity Head)
{
    pCity   p= Head->Next , q ;
    while (p)
    {
        q=p->Next;
        free(p);
        p=q;
    }
    Head=NULL;
    printf("删除成功\n");
    Suspand();
    return Head;
}
```

8.5　拓 展 功 能 实 现

　　以上基本功能的开发完成后,可依据自身能力和项目特点对系统进行拓展创新,可进行的拓展功能包括但不限于以下功能,在拓展创新过程中遵循软件设计原则,并能够解决复杂的实践开发问题,锻炼综合实践能力。

　　(1) 添加城市的其他信息,如城市简称、特色小吃、网红打卡点、旅行建议等字段,使得系统更具有实用性。

　　(2) 程序运行的时候自动导入文件内容,使得每一次的项目运行都是有延续性的。

（3）提前准备城市坐标文件，一旦输入城市名称，能够自动匹配坐标。

（4）查找城市的时候，能够实现模糊查找。

（5）查找城市的时候，能够忽略大小写。

（6）给每个城市设置唯一标识符做字段，增加程序完整性。

（7）根据其他新增的字段进行查找和汇总信息。

（8）能够根据城市所在地区进行分类汇总。

（9）设计更加新颖美观的目录和其他界面。

（10）其他创新拓展功能都可。

以上所列举的拓展功能仅仅是其中一部分，作为可自由拓展的部分，大家可根据自己的实际需求进行补充，以求更符合当代大学生实际消费需求的记录。

8.6　小　　结

本章介绍了利用多文件实现城市信息管理系统的设计思路和实现过程，着重介绍了单链表的创建、插入、删除等基本操作，各个功能模块的流程设计，并设置了部分独立思考的模块，希望大家进一步了解综合项目的设计和开发，并对项目进行必要的拓展和提升。

第 8 章　单链表应用案例 2
——城市管理系统的分析与设计

第 9 章

图形应用案例 1——图像文件处理

9.1 案例导入，思政结合

图像在传播信息上具有直观、内容丰富、通俗、有冲击力的特点，是一种便捷的信息传达方式，尤其是在互联网高度发达的今天，80％以上的信息采用图像、视频形式进行传播，已然是一种极为重要的信息传播媒介。因此，了解学习图像处理技术，有助于读者掌握当前计算机技术的应用方向，更有助于掌握先进的传媒介质，把握正确的政治方向，助力宣传正确的价值观、人生观。通过具有正能量导向的图像素材，引导读者树立正确的价值观、人生观，做一个有家国情怀的技术人才。

原始采集的图像通过加工处理注入编辑者的思想，达到吸引关注、信息传播的目的。图像处理技术的核心是利用编程技术批量处理图像，提高处理效率，使得图像处理结果符合人的意志意图，更加吸引读者的注意。本案例通过对图像处理基本技术的提炼，运用 C 语言编程技术，完成对图像的一系列符合要求的组合处理，达到图像编辑处理的目的。本案例通过对图像文件的解析处理，提高读者 C 语言应用编程能力，体会 C 语言的灵活性和强大处理能力。

9.2 设 计 目 标

本案例利用 C 语言及其标准库函数，完成图像文件的读取、处理、保存。本案例没有使用任何图像、图形处理库，没有使用任何 GUI 库，仅利用控制台程序模式，实现多种基础的图像处理功能，并以功能函数形式提供用户调用接口。总的调用顺序是从磁盘读取图像文件，自由选择图像处理的功能组合，获得特定图像处理结果，以 BMP 文件形式保存至磁盘。本案例的图像处理功能分为基本功能和拓展功能。基本功能包括图像灰度化、图像底片化、图像遮罩、图像二值化，图像微信九宫格。拓展功能包括图像增强、图像手绘风格化等。每次处理，系统能够接收一个图像文件，系统处理后将结果保存至指定文件夹内。

9.3 总 体 设 计

本案例完成的图像处理系统总体设计采用全控制台交互模式。系统启动运行后，进入操作选择界面，用户通过键盘输入与系统控制台进行交互，选择功能后，输入文件名称，进行处理，将结果保存至磁盘，并提示操作成功，然后重新进入用户操作选择界面。如图 9.1 所示的系统数据流图中系统操作模式，数据的呈现形式。

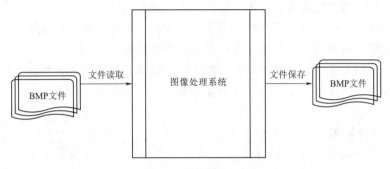

图 9.1　系统数据流图

9.3.1　功能模块设计

　　图像处理案例主要涉及几种常见的基本的图像处理功能，包括实现对图像文件的打开、图像像素级处理、图像文件保存等功能，总的功能分类设计图如图 9.2 所示。图像数据获取与保存为系统自动行为，用户的权限是文件的选择及保存的位置，功能不提供用户选择，且由于本案例不涉及任何第三方库的调用，为简便起见，本章内容仅提供 BMP格式文件的数据获取和保存。其他所有图像处理操作可以供用户任意组合选择。

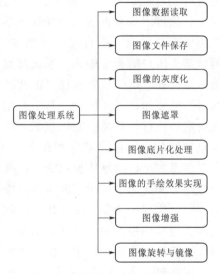

图 9.2　图像处理系统功能模块图

　　图像处理功能非常多，本书选择功能的原则是原理上较浅显、效果较显著，实现上较容易。因此本系统主要实现主要功能如下：

　　（1）图像数据读取：当用户输入图像文件的名称，系统可以根据用户输入在磁盘指定位置加载图像文件至内存，再根据 BMP 文件格式，去掉文件头，将获取的图像数据存储至内存中，以提供后续的图像处理操作。

　　（2）图像文件保存：将处理后的图像数据，加上从读取原始文件的文件头信息，根据用户输入的保存文件名称，调用文件写指令完成内存到磁盘的数据输出。

　　（3）图像的灰度化：调用该功能之前，首先需要保证图像数据已经加载至内存，再获取指向图像数据的内存指针，根据图像灰度化公式逐像素处理，并保存至原来的存储位置，最后将处理后的数据保存输出至磁盘。

　　（4）图像遮罩：图像遮罩指的是将两幅同样尺寸的图像进行对应像素位的颜色叠加，形成透明的效果，透明度可以由用户指定。根据用途不同，可以采取对输入图像的所有像素叠加同一种颜色，也可以输入两幅图像进行对应像素位的颜色叠加，该功能的执行也必须保证图像数据已经存储至内存，相应处理结果保存至指定磁盘位置。

（5）图像底片化处理：在某些特殊场合中，需要实现胶片底片的类似效果，可以凸显观测目标的轮廓及动作。

（6）图像的手绘效果实现：将自然拍摄的图像改变成手绘风格，在影视编辑、特殊图像处理中，有特殊的视觉效果，可用于特定人群、场合的宣传。

（7）图像增强：在某些特定条件下采集的图像由于曝光不足，导致图片的不够亮，可以采用图像增强，将图像变换至适合人眼观察的颜色范围。

（8）图像旋转与镜像：在图像编辑中经常采用镜像、旋转的方式将图像呈现不同的效果。而在深度学习图像处理中，为提高图像库的使用效率，采用图像旋转、镜像操作扩充图像库。

9.3.2　系统运行框架

系统启动后直接进入菜单选择界面，界面提示用户输入功能选择执行相应的某个功能或者是功能组合，并继续输入文件路径，回车后执行图像数据导入，并执行功能，将结果保存至磁盘。执行完毕返回菜单界面，继续接受用户的指令输入。系统将对用户的输入做检查，以保证数据输入的规范性。系统运行框架如图 9.3 所示。其中开始表示系统的启动运行，系统初始化包括系统的全局变量初始化，图像存储空间预分配等过程。需要注意的是，图像数据的获取以及操作结果保存等未在图中展示，因为每个图像操作需要包含这两个功能。另外用户输入的正则化同其他系统用户输入一样，需要对输入的指令进行正则化判定，非法输入次数如果超过一定次数，将锁定用户的输入功能。

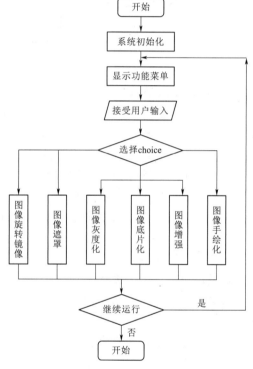

图 9.3　系统模块调用流程图

9.3.3　图像数据表示

本系统操作的对象为图像，需要了解图像在计算机内存中的表示形式。图像由像素点的阵列构成，像素点的数量多少就是图像的分辨率。从数学角度理解，图像可以看作是像素的矩阵；从 C 语言编程角度看，图像是一个整型数据构成的二维数组。

图像数据的存储格式从图 9.4 可以直观表示。图中的图像由像素阵列组成，每个像素赋予一种颜色，而每种颜色则由红色（R）、蓝色（B）、绿色（G）三原色混合而成。因此，在计算机存储图像数据时，每个像素点由三个字节的整型数据表示三种颜色分量，每种颜色分量则由一个字节的整型数据表示，可以表示的范围为 0～255。0 为黑色，强度最弱，255 强度最强。

图像是二维的像素阵列，像素则由三个分量组成，然而数据以何种顺序存储，或者说数据在内存中的排列方式对于逐像素处理来说，至关重要。假设图像数据的存储的起始地

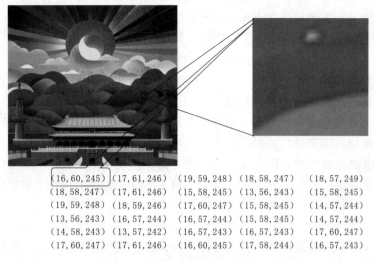

$(16,60,245)$　$(17,61,246)$　$(19,59,248)$　$(18,58,247)$　　$(18,57,249)$
$(18,58,247)$　$(17,61,246)$　$(15,58,245)$　$(13,56,243)$　　$(15,58,245)$
$(19,59,248)$　$(18,59,246)$　$(17,60,247)$　$(15,58,245)$　　$(14,57,244)$
$(13,56,243)$　$(16,57,244)$　$(16,57,244)$　$(15,58,245)$　　$(14,57,244)$
$(14,58,243)$　$(13,57,242)$　$(16,57,243)$　$(16,57,243)$　　$(17,60,247)$
$(17,60,247)$　$(17,61,246)$　$(16,60,245)$　$(17,58,244)$　　$(16,57,243)$

图 9.4　图像在计算机中的表示形式

址放在指针变量 pData 中，那么起始地址存储的是左下角的像素颜色数据，按照从左至右的顺序以及像素的排列顺序依次存储各个像素的颜色值。行的顺序则是从下至上，存储第一行数据其实是图像的最下面一行像素，存储的最后一行数据则是图像的最后一行像素的颜色值，具体如图 9.5 所示。图中 i 表示行的存储方向，j 表示列的存储方向，按照行优先顺序存储。在一个像素上，有三个颜色分量，分别占一个字节，其存储顺序为蓝色（B）、绿色（G）、红色（R）。

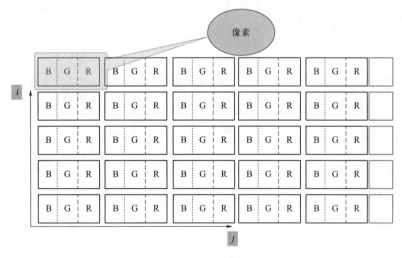

图 9.5　图像数据存储结构

需要注意的是，每一行结尾可能有多余的空字节，不表示任何存储信息。由于在计算机中，数据如果以 4 的倍数进行存取，将大大加速数据的存取。因此，在图像数据的存储中，每一行图像数据往往是 4 的倍数，如果图像数据不是 4 的倍数，则需要填充若干字节，以保证一行的数据大小为 4 的倍数。因此，在图 9.5 中，每一行的行尾用空格子表示填充的数据以满足 4 字节对齐。若 w 表示图像的宽度，即一行图像的像素数量，那么一行图像数据的大小 LS 可以用以下公式表示。

$$LS = (w \times 3)/4 \times 4 \tag{9.1}$$

9.3.4　函数功能描述

根据图像处理系统设计的具体功能，将图像文件读取、图像结果保存、图像灰度化、图像遮罩、图像增强、图像手绘化等功能模块用函数进行结构化设计。在结构化设计中，应该遵循尽量使用局部变量代替局部变量，以保持数据修改的可追踪性，降低模块间的数据耦合。然而在图像处理中，图像数据需要的存储空间往往比较大，不适合放在栈中，因此本系统采用全局变量的形式存储图像数据。以下内容主要展示包含主函数在内的主要功能模块的结构化设计过程。

1. 结构化框架搭建

主函数主要显示各功能模块的调用管理工作，首先调用显示函数显示系统的操作菜单及相关使用说明，接下来依据用户对于菜单项的操作调用相关函数，每个图像处理操作指令包括图像文件读取与图像处理结果保存。用户可以循环往复进行界面操作，指导用户自主退出系统。其他功能函数主要包括图像文件读取 load_bmp_from_file(const char * bmp_file_name)，图像保存 void save_result(const char * res_file_name)，图像灰度化 gray_processing() 等，以下将逐一介绍。

参考程序：

```c
#include<stdio.h>
#include<stdlib.h>
unsigned char pData[1000][3000];
unsigned char pRes[1000][3000];
void save_result(const char * res_file_name);
void load_bmp_from_file(const char * bmp_file_name);
void gray_processing();
void rotate_image();
void alpha_blending();
void negative_image();
void enhance_image();
void sketch_image();
void process_menu();
int main()
{
    int choice;
    int quit = 0;
    while(! quit){
        system("cls");
        process_menu();
        scanf("%d",&choice);
        switch(choice)
```

```
        {
            case 1:gray_processing();break;
            case 2:rotate_image();break;
            case 3:alpha_blending();break;
            case 4:negative_image();break;
            case 5:enhance_image();break;
            case 6:sketch_image();break;
            case 7:quit = 1;
            default:printf("ERROR INPUT! please reenter your choice\n");system("pause");
        }
    }
    return 0;
}
void save_result(const char * res_file_name)
{
    printf("to be constructed");
    system("pause");
}
void load_bmp_from_file(const char * bmp_file_name)
{
    printf("to be constructed");
    system("pause");
}
void gray_processing()
{
    printf("to be constructed");
    system("pause");
}
void rotate_image()
{
    printf("to be constructed");
    system("pause");
}
void alpha_blending()
{
    printf("to be constructed");
    system("pause");
}
void negative_image()
{
    printf("to be constructed");
    system("pause");
}
void enhance_image()
```

```
{
    printf("to be constructed");
    system("pause");
}
void sketch_image()
{
    printf("to be constructed");
    system("pause");
}
void process_menu ()
{
    printf ("*************************************************************\n");
printf (欢迎使用数字图像处理系统 \n");
printf ("*************************************************************\n");
        printf (" \n");
        printf ("1：图像灰度化 \n");
        printf ("  2：图像旋转 \n");
        printf ("  3：图像混合 \n");
        printf ("  4：图像底片化 \n");
        printf ("  5：图像增强 \n");
        printf ("6：图手绘风格化\n");
        printf ("7：退出 \n");
        printf ("请输入你的选择：");
}
```

　　说明：以上程序是主函数的调用流程，展示了各个子功能在主函数循环中的调用过程，每个函数的具体实现，或者添加新的函数功能，需要读者在此程序基础上进行总体的规划设计，并进行功能的调试。

　　2. 函数设计

　　（1）图像文件读入函数 void load_bmp_from_file(const char * bmp_file_name)。

　　由于图像文件的格式非常多，为简单起见，在这个函数中，我们处理的文件类型仅为无压缩的 bmp 格式的图像文件。bmp 文件的基本格式如图 9.6 所示。其中最前面的 14 个字节的数据为文件头，主要描述文件的相关信息。接下来的 40 个字节数据为图像相关的信息，包括图像的尺寸等信息。之后的所有数据就是真实地代表图像颜色信息的数据，一直到文件结束。

　　函数功能：函数接受一个参数，是 const char * 类型，接受指向存储文件名称的指针。函数首先调用 fopen 库函数打开文件获取指向文件资源的文件指针。再利用 fread 函数根据文件头与图像信息的字节数，将文件指针指向图像真实数据，最后将图像数据搬运至相应的内存空间中。添加函数处理流程图如图 9.7 所示。

　　【练习】：请根据以上流程图以及前面图像文件存储格式的理解，写出完整地获取图像数据的完整代码，用于后续的图像处理操作。

　　（2）图像文件保存 void save_result(const char * res_file_name)。

BMP图像基本格式

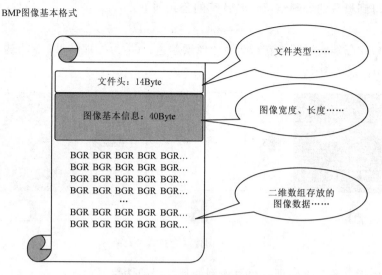

图 9.6　bmp 图像文件格式

　　函数功能：在图像处理之后，将内存中相应的图像数据保存至磁盘上，以实现永久持续存储。图像存储与图像文件读取刚好逻辑相反，仅需要将文件头和图像尺寸信息等先写入文件中，再将图像数据写入文件中，最后关闭文件，即完成图像文件的保存。图像文件的保存过程如图 9.8 所示。

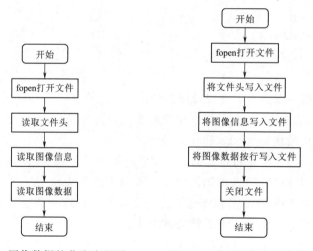

图 9.7　图像数据的获取流程图　　图 9.8　保存图像文件流程图

　　【练习】：请根据流程图以及文件读入过程的代码，完成图像文件的保存的完整代码，用于保存图像处理结果。

　　(3) 图像混合 void alpha_blending()。

　　函数功能：在获取图像数据之后，对图像的每个像素点与另外一幅图像的每个像素进行逐位混合，得到处理后的图像，并进行保存操作，图像混合操作效果如图 9.9 所示。可以看出，图像混合的效果实际上是图像的透明效果，将两幅图像对应像素按照一定的比例进行计算，得到最后的处理结果，其计算的公式如下：

$$C_i = \alpha A_i + (1-\alpha)B_i \tag{9.2}$$

式中：A_i 和 B_i 分别为源图像在位置 i 的像素颜色；C_i 为处理结果；α 为透明度，其取值范围最小为 0，最大为 1。

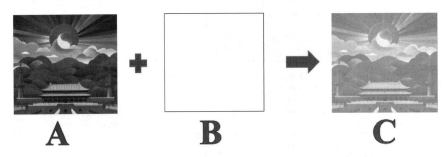

图 9.9　图像混合过程及结果

根据图像混合的基本原理，可以得到处理过程的伪代码如下：

```
unsigned char * pA = load_bmp_from_file()
unsigned char * pB = load_bmp_from_file() //混合的对象
unsigned char * pC = malloc(linewidth * height)//结果
linewidth = width * 3/4 * 4
double alpha //
scanf("%lf", &alpha)
for i from 0 to height-1:
    for j from 0 to linewidth-1:
        pC[i][j]=pA[i][j] * alpha + pB[i][j] * (1-alpha)
save_result()
```

【练习】：请根据图像混合原理以及以上伪代码，结合系统的上下文设计适当的交互界面，写出完整 alpha_blending() 函数，用于图像混合处理操作。

（4）图像手绘化风格 void sketch_image()。

函数功能：该函数主要是将输入的源图像经过处理，形成手绘风格的图像。手绘风格图像本质上是对源图像进行边缘检测的结果。若输入图像表示为 I，首先对图像求梯度，得到梯度图像 D。所谓梯度就是相邻像素颜色变化值，梯度分为 x 方向梯度与 y 方向梯度。以 x 方向的梯度计算为例，其计算公式如下：

$$D_{ij} = \left| (I_{ij} - I_{i,j-1} + I_{i,j+1} - I_{ij})/2 \right| \tag{9.3}$$

得到的 x 方向的梯度图像为 D_x，y 方向的梯度图像为 D_y。

为构建手绘效果，还需要设定图像的虚拟深度 depth 值，这里假设图像在各个空间位置的深度都是相同的。手绘效果实现本质上是对图像中的边缘线条灰度值强度进行重构，达到手绘效果。为进一步增强效果，加入虚拟光源对图像的影响。首先需要对梯度值归一化，然后预设光源构建光源对坐标系各个轴的影响，最后通过梯度和光源相互作用，实现梯度值的重构。假设虚拟光源的位置确定，则可以根据其位置计算其对图像中各个位置的影响，如图 9.10 所示。图中 θ 称为俯仰角，取值范围为 0°～180°之间，ϕ 称为方位角，取值为 0°～360°。根据图中坐标系，容易计算光源对各个方向的影响值，用 u_x、u_y、u_z 表示三个轴方向的单位影响值，则可以表示如下：

$$u_x = \sin\theta\cos\phi$$
$$u_y = \sin\theta\sin\phi$$
$$u_z = \cos\theta \qquad (9.4)$$

根据以上理论，可以得到手绘效果的处理算法，如算法 2 的伪代码如下。

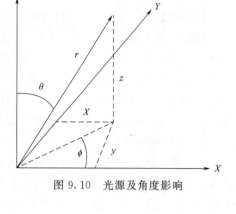

图 9.10　光源及角度影响

```
Dx,Dy 分别为原图像的 x 方向和 y 方向的梯度图像
height 和 width 为图像的高与宽
depth = 10 //虚拟深度可以根据需要调整
O 为输出图像
PI=3.1415926535
theta = 0.05 * PI
phi = PI * 0.25
ux = sin(theta) * cos(phi)
uy = sin(theta) * sin(phi)
uz = cos(theta)
for i from 0 to height−1：
    for j from 0 to width−1：
        ex = Dx[i][j] * depth/100.0
        ey = Dy[i][j] * depth/100.0
        A = sqrt(ex * ex+ey * ey+1.0)
        cx = Dx[i][j]/A
        cy = Dy[i][j]/A
         b = 255 * (ux * cx+uy * cy+uz/A)
        b = b<0? 0:(b>255? 255:b)
    O[i][j]=b
```

图像手绘效果的结果如图 9.11 所示。

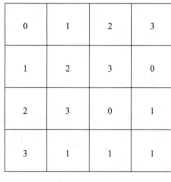

（a）灰度图像

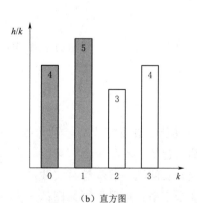

（b）直方图

图 9.11　直方图的表示

【练习】：请根据以上伪代码写出完整的图像手绘化的代码。

（5）函数 void enhance_image()。

函数功能：根据输入的图像 I，函数能够将图像进行直方图的增强，以加强图像的视觉效果。所谓直方图是指将图像像素点按照灰度级进行数量统计，最后能够将每个灰度值的像素数量存储，形成的灰度级-像素数量的对应关系。如图 9.12 所示，左侧是灰度图像（假设每个像素点仅由一个灰度值表示其颜色），一个格子代表一个像素点，右侧是其对应的直方图。左图的灰度为 0 的像素个数为 4，因此右图中在刻度为 0 的柱状图的高度则为 4，其他刻度同理可以得到。

直方图均衡化是指将一幅图像的灰度值范围进行扩展，使得在更宽的灰度值范围进行显示，从而使得图像显示效果增强。若原图像的灰度值范围为［100，150］，即灰度的最小值为 100，最大为 150。经过直方图均衡化，将图像的像素灰度值映射到［0，255］的范围内，图像显示效果显著增强，如图 9.12 所示，左侧为原图，右侧是直方图均衡化的结果。

（a）原图   （b）经过直方图均衡化

图 9.12 图像直方图均衡化增强效果

假设原图像的直方图为 hist，其最大灰度为 h_{max}，最小灰度为 h_{min}，将此范围放大到 0～255，则灰度值为 i 对应到转化后的灰度 si 的公式可以表示为

$$si = (i - h_{min}) * 255 / (h_{max} - h_{min})$$

【练习】：根据以上描述，写出直方图均衡化的 C 语言代码。

9.4 拓展功能实现

以上基本功能的开发完成后，可依据自身能力和项目特点对系统进行拓展创新，可进行的拓展功能包括但不限于以下功能，在拓展创新过程中遵循软件设计原则，并能够解决复杂的实践开发问题，锻炼综合实践能力。

（1）图像金字塔：可以根据原图像，生成多幅不同分辨率的图像。

（2）图像裁剪：可以将原图像的重要信息进行裁剪生成新的图像。

（3）图像二值化：将图像按照阈值分割成两个等级的亮度。

（4）图像卷积与滤波：拉普拉斯滤波、高通滤波。

9.5　小　　结

本章从 bmp 图像存储原理出发，介绍了图像处理的基本方法，着重介绍了几种常见的图像处理方法，为后续深入的图像智能处理、计算机视觉等高级课题奠定基础。通过图像处理的应用，进一步提高 C 语言的编程水平。

第 9 章　图形应用案例 1

——图像文件处理

第 10 章

图形应用案例 2——连连看游戏的设计实现

10.1 案例导入，思政结合

图形是计算机绘制形成的虚拟图像，与自然图像一样，是网络虚拟世界重要的信息传播媒介。随着计算机应用在社会生活各个方面的渗透，大众娱乐、游戏休闲不断成为人们追捧的对象。健康、积极的游戏能够提供现代的人们放松精神压力、调节过度快节奏的生活的一种有益方式。同时，益智类的游戏能够锻炼青少年的思维能力、意志力和耐心。本案例通过开发一款网络上喜闻乐见的连连看的小游戏，锻炼学生 C 语言的代码编写能力、初步的算法应用能力，培养学生基本的专业素养。通过项目团队的合作与分工完成案例，锻炼学生团队协作能力、规范工程项目代码编写、构建初步的职业素养。

本案例通过 GUI 程序的编写，了解计算机图形的编程机制，初步了解消息驱动的编程模式；通过图像的加载与处理，了解图形与图像的结合产生的效果，吸引学生的学习兴趣。本案例涉及的递归搜索算法是对数据结构与算法课程内容的提前熟悉，引导学生逐步探索专业内容，为后续的专业学习夯实基础。另外，让学生初步了解了专业的学习能够完成的任务内容，引导学生做正确的事，做对社会有益的事，让技术为社会国家服务，培养社会责任意识。

10.2 设 计 目 标

通过本案例的开发熟悉 GUI 编程，了解鼠标、键盘消息的处理，利用 SDL 库加载图像，能够利用 SDL 库绘制直线、矩形等基本图形。通过对连连看游戏中元素互联的路径搜索算法的设计与开发，了解算法的应用。通过对 SDL 库的了解，能够搭建出窗口界面，消息编程的基本框架，能够熟悉键盘、鼠标消息的处理，能够利用函数设计完成项目功能的分割与拆解。在熟悉 SDL 消息编程的基础上，能够进一步了解图像的显示原理，从而控制场景的显示帧率，以及场景特效显示的代码实现。

10.3 总 体 设 计

本案例的交互模式是通过 GUI 窗口，接收用户鼠标的点击、键盘的输入，与游戏引擎进行互动，完成游戏过程。系统启动运行后，进入游戏显示界面，是一个由小图片块组成的二维方阵，每个小图片都是独立显示，能够与其他图片产生匹配，如果与之匹配的图片内容相同，且通过至多三折的与坐标轴平行的折线连通，则两图片成功连上，并消失在屏幕范围内。如果没有任何可以连的图片，则可以通过键盘按键重新洗牌，继续游戏，直至游戏结束。游戏的总体效果图如图 10.1 所示。

10.3.1 功能模块设计

根据总体功能需求的分析，以及 GUI 程序的运行逻辑，可以将项目分成几个模块进行各自开发。根据 GUI 程序特点，将程序分为 UI 模块和游戏逻辑两大模块。UI 模块包括消息的交互处理和窗口可见区域的图像图形绘制。具体地，包括鼠标点击消息的逻辑处理、键盘消息的处理、根据逻辑处理结果的图形图像显示。逻辑处理模块的核心是两个图像小块的可连路径搜索，以及图像状态设置、重新排列等功能，如图 10.2 所示。

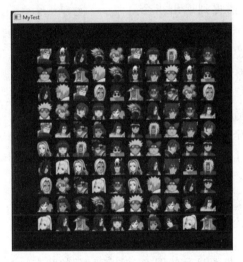

图 10.1　游戏总体效果图

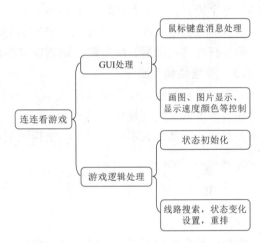

图 10.2　连连看游戏项目功能分解逻辑

根据设计思路，结合代码编写的模块设计，进一步将各个功能模块详细分解为各个函数。首先是资源导入，主要是图片资源、声音资源的导入，声音资源的导入及使用作为拓展练习由读者自行完成相关代码编写。接着，根据游戏的逻辑，将游戏场景分割为 NN 个格子的二维方阵，每个格子都是显示图片的单元格，这些都需要在初始化阶段完成。图片是成对的且需要随机安置在单元格中，因此自然数随机排列的功能需要单独编写以作后续洗牌的调用。路径搜索单独作为一个算法模块进行实现。GUI 部分主要是窗口创建及消息处理循环，图形图像绘制等功能实现。功能罗列如下：

（1）LoadGameSource() 导入图片资源。

（2）NewGameRound() 设置游戏元素的初始化状态。

（3）MyShuffle(int arr[],int n) 将自然数 1~n 进行随机排列，排列结果存储在 arr 数组中。

（4）int dfs(Point arr[],Point s,Point t,int dir,int k) 从格子 s 到格子 t 的路径搜索，

搜索方向为 dir，折线段数量为 k，路径存储至 arr 数组中。

（5）int IsFinish() 判断游戏是否已经完成。

（6）void DrawPolygonLine(Point plist[],int cur_tm) 画出搜索到的路径，显示路径，作为游戏效果，这里可以结合声音特效，增强游戏体验。

（7）void DrawSprites() 画每个格子中的图片，图片是否显示根据格子的状态决定。

10.3.2 系统模块调用流程

本案例采用 GUI 程序进行设计，需要从总体上把握了解整个程序的流程，方便后续功能模块的开发。主要调用框架如图 10.3 所示。与控制台程序一样，本案例的程序也是从 main 函数开始。main 中执行的内容是相对比较复杂的。main 函数中，首先进行 SDL 库的初始化、图像库的初始化，然后构建 SDL 窗口，随之构建基于该窗口的消息处理循环。消息循环若捕捉到退出指令，则结束整个消息循环，程序转至 return 0。整个程序结束。

连接路径搜索、洗牌等功能需要捕获鼠标点击消息、键盘消息以后进行处理，图形、图像的绘制则在渲染画面部分完成。

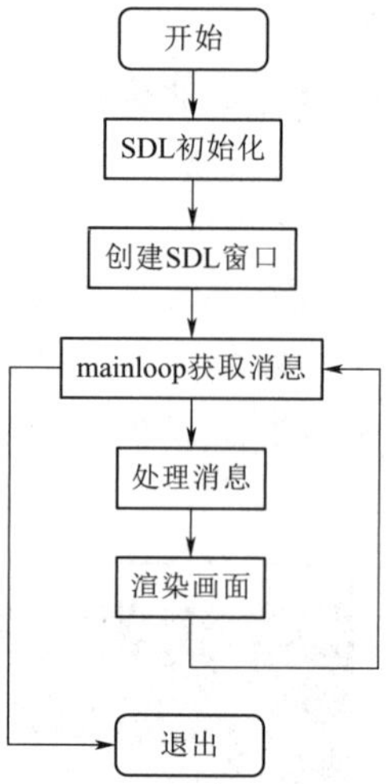

图 10.3 程序总体
调用框架

10.3.3 数据结构设计

本案例是通过将二维平面分割成小方格的阵列，然后将图像绘制在二维平面上，完成游戏的过程。因此，坐标在程序中使用频率非常高，将坐标点定义成 struct 结构类型，方便程序的处理，结构定义如下：

```
typedef struct _Point
{
    int x,y;
}Point;
```

游戏中最重要的元素是方格，每个方格包含需要显示的图像、是否显示的状态，是否被鼠标点击选中的状态，以及方格的坐标，大小等信息。在游戏设计术语中，一个包含较多信息的方格一般称之为精灵。本项目中的成员结构定义如下：

```
typedef struct _Sprite{
    SDL_Rect b;//方格的位置大小
    int fill;//方格是否显示图像
    int select;//方格是否被鼠标选中
    int id;//与方格绑定的图像元素编号
}Sprite;
```

项目中，将整个窗口划分为 NN 大小的格子，其中 N 为程序常量，一般指定为 10。每个方格在程序中用 Sprite 结构的类型变量表示，因此，用二维数组的结构表示 Sprite 组成的序列。在游戏中，为方便路径搜索，在正常使用的 Sprite 数组的外围，需要增加一圈 Sprite 格子，不指定显示图像，也不能被鼠标点击选中，其结构如图 10.4 所示。

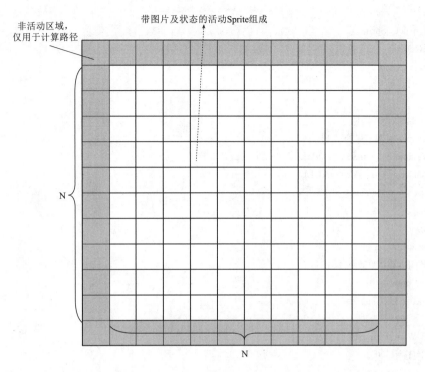

非活动区域，
仅用于计算路径

带图片及状态的活动Sprite组成

N

N

图 10.4　元素的数据结构及其场景布局图

10.3.4　项目结构化分解与设计

项目总体的设计思路是用户通过鼠标、键盘与游戏引擎进行交互，完成游戏布置的关卡任务，最后达到消除场景中所有方块图片的目的。用户具体的交互方式设计如下：

游戏初始化完毕，在游戏场景中显示所有方格的图片。用户通过观察选中两个具有相同图片的方格，使用鼠标点击两个方格区域，游戏引擎接受点击指令，将方格外围画一个强调色的矩形，表示选中状态，如果引擎判断两个方格存在相连的路径，则消掉两个方格中的图片，否则重置两个方格的选中状态为未选中。当游戏盘中任何两个相同图片的方格都不存在可以连的路径，则用户可以点击键盘上的 S 键进行洗盘，重新排列图片。当所有图片被消除完，则游戏结束或者进入下一关卡。

1. 总体设计

根据设计方案，可以得到游戏的完整调用框架如下：

```
#include <stdio. h>
#include <stdlib. h>
#include <string. h>
#include <SDL2/SDL. h>
#include <SDL2/SDL_image. h>
#include <time. h>
#define N 10
typedef struct _Point{
 int x,y;
```

```
}Point;
typedef struct _Sprite{
 SDL_Rect b;
 int fill;
 int select;
 int id;
}Sprite;
Sprite elements[N+4][N+4];
SDL_Window * _window = NULL;
SDL_Renderer * render = NULL;
SDL_Texture * simages = NULL;
Point pts[2];
Point ptseq[6];
int linewidth = 4;
int ELEMENT_NUM = 25;
int select_num = 0;
int GapX = 10,GapY = 10;
int esz = 40;
int field_W = 700;
int field_H = 500;
int effect_delay_time = 100;
int effect = 0,effect_ticks=-1;
void myshuffle(int arr[],int n)//将 1~n 的序列随机排列
{   }
void LoadGameSource()//导入游戏图片资源到内存
{   }
int dfs(Point arr[],Point s,Point t,int dir,int k)
//路径搜索,s 为起始点二维数组下标,t 为终点,k 为折线段数量,
//dir 为搜索的方向
//arr 存储搜索到的路径,返回值为 0 表示不存在合法路径,1 表示存在
{   }
int GetPolygonPointList(Point plist[],Point s,Point t)
{
//s 为起始点,t 为终点,plist 为路径
}
int IsFinish()
{   }
void DrawPolygonLine(Point plist[],int cur_tm)
{   }
void DrawSprites()
{   }
void ShuffleCurrentStates()
{   }
void NewGameRound()
```

```
{    }
void InitGame()
{
LoadGameSource();
NewGameRound();
}
void setClickElement(int x,int y)
{    }
int main(int argc, char * args[]) {
SDL_Init(SDL_INIT_EVERYTHING);
printf("error:%s",SDL_GetError());
IMG_Init(0);
srand((unsigned)time(NULL));
_window = SDL_CreateWindow("MyTest", SDL_WINDOWPOS_UNDEFINED,SDL_WINDOWPOS_UNDE-
FINED,field_W, field_H, SDL_WINDOW_OPENGL|SDL_WINDOW_HIDDEN);
render = SDL_CreateRenderer(_window, -1, SDL_RENDERER_ACCELERATED|SDL_RENDERER_PRE-
SENTVSYNC);
SDL_ShowWindow(_window);
InitGame();
float deltaTime, delta;
unsigned int tick0, tick1;
SDL_Event event;
int quit = 0,key;
tick0 = SDL_GetTicks();
while( ! quit) {
    if ( SDL_PollEvent( &event)) {
        switch (event. type) {
            case SDL_QUIT :
                quit = 1;
                break;
            case SDL_KEYDOWN :
                key = event. key. keysym. sym;
                if ( key == SDLK_ESCAPE) {
                    quit = 1;
                }else if(key == SDLK_s){
                    ShuffleCurrentStates();
                }
                break;
            case SDL_KEYUP:
                break;
            case SDL_MOUSEBUTTONDOWN :
                setClickElement(event. button. x,event. button. y);
                break;
            case SDL_MOUSEMOTION :
```

```
            break;
        case SDL_MOUSEBUTTONUP:
            break;
        default:
            break;
        }
    }
    tick1 = SDL_GetTicks();
        delta = tick1 - tick0;
    tick0 = SDL_GetTicks();
    deltaTime = delta / 1000.0;
    if (delta < 110.7) {
        SDL_Delay(17 - delta);
        deltaTime = 0.016667;
    }
    //_duration = _duration + deltaTime;

    float fps = 1.0 / deltaTime + 0.5;
    char info[20];
    sprintf(info, "?    FPS:%d", (int)fps);
    SDL_SetRenderDrawColor(render, 0x00, 0x00, 0x00, 0xff);
    SDL_RenderClear(render);
    DrawSprites();
    DrawPolygonLine(ptseq, tick1);
    SDL_RenderPresent(render);
}
SDL_DestroyRenderer(render);
SDL_DestroyWindow(_window);//*/
IMG_Quit();
SDL_Quit();
return 0;
}
```

在以上主框架代码中，自定义函数都是需要进一步开发的功能，main() 函数中则主要是 SDL 库的初始化，窗口的创建，消息循环的构建，以及游戏场景的绘制的自定义函数的调用。这段代码帮助读者理解整个项目的设计思路，使得读者对项目有一个总体的清晰的认识，为后续功能开发奠定基础。

2. 函数功能描述

根据前面的总体功能设计，本节内容将对各个具体的核心功能进行设计和开发。

（1）LoadGameSource() 导入图片资源。函数没有参数，没有返回值，定制的功能是将所有游戏资源导入内存，保证后续程序的使用。资源包括图像资源和声音资源。对应的变量均设置为全局变量。用到的主要 SDL 接口函数有两个。IMG_Load 函数用于加载硬盘中的图像文件，参数为一个字符数组，用于表示图像文件所在的路径及文件名称，返回的值为 SDL_Surface 类型的指针。第二个函数 SDL_CreateTextureFromSurface，用于将源图像转化为显示上下文相关的图像格式，可以加速图像的显示。在本项目中，所有图像读入后，都采用这种格式存储至内存中。该函数有两个参数，第一个参数为 SDL_Render 类型的指针变量，用于指定渲染器，即用于画图的一个复杂结构变量；第二个参数是源图像，是 SDL_Surface 类型的指针变量，是指向已经加载的源图像。函数返回 SDL_Texture 类型的指针，指向已经转化后的图像。在完成转化后，需要记得使用 SDL_FreeSurface 函数释放开始导入的图像指针变量。完整的过程可以参考如图 10.5 所示的流程图。

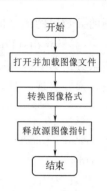

图 10.5 资源加载流程图

（2）NewGameRound() 函数封装了设置游戏元素的初始化状态的功能。游戏的主要状态信息是方格元素组成的二维数组。需要初始化每个方格元素的图片 id，这个通过调用随机洗牌函数获取。方格的坐标通过方格的固定尺寸计算得到。方格的选中状态统一初始化为 0。另外还有一个较为重要的变量是 ptseq 数组，数组包含 6 个元素，每个元素的类型为 Point 类型，用于存储搜索得到的路径信息，初始化为空，这里将数组第一个元素的坐标值设置为 -1 表示空。另外表示选中方格元素数量的 select_num 变量，初始化为 0。

（3）MyShuffle(int arr[],int n) 将自然数 0 至 n～1 进行随机排列，排列结果存储在 arr 数组中。随机排列采取的思路是首先通过随机函数产生 n 个整数，存放到一个数组 arr 中，然后再定义与 arr 数组大小一致的数组 d，用于存放数组 arr 中每个元素的下标，d[i] 的含义是排序排在第 i 位的在数组 arr 中的下标值。d[i] 初始化为 i，即假设 i 刚开始排在第 i 位。利用冒泡排序对 d 数组按照 arr 数组的值进行排序，而保持 arr 数组中元素与下标的对应关系不变。算法原理图如图 10.6 所示。图中排序前，d[0] 存储的是 arr[0] 的数组下标 0，d[1] 存储的是 arr[1] 的数组下标 1，依此类推，d[7] 存储的是 arr[7] 的下标 7。经过排序以后，d 数组中的元素发生了变化。d[0] 存储的是 5，是 arr[5] 的下标，而 arr[5] 的值为 8，排在最前面，也就是排在 d 数组的最前面，以此类推。排序则采用冒泡排序或选择排序均可，读者可自行完成排序算法的代码编写。最后得

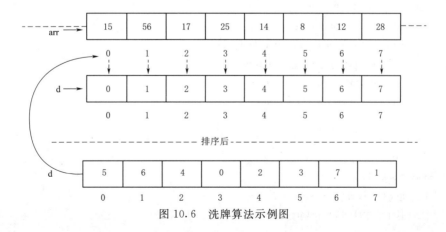

图 10.6 洗牌算法示例图

到的 d 数组的值，即 0 至 $n-1$ 的随机排列。

（4）int dfs(Point arr[],Point s,Point t,int dir,int k) 从格子 s 到格子 t 的路径搜索，搜索方向为 dir，折线段数量为 k，路径存储至 arr 数组中。路径搜索采用深度优先搜索算法，递归实现，具体算法见算法 10.1。

算法 10.1

```
dfs(arr,s,t,dir,k){ //dir 表示搜索方向,k 表示当前段,s 是当前起点,t 为终点,arr 存储路径
arr[k] = s;
if(s==t) {arr[++k]={-1,-1};return true;}
if(k==3)return false;
switch(dir){
    case 0://downwards
        for(i=s.y+1;i<=N+1;i++){
            cpt.x = s.x, cpt.y = i;
            if(cpt==t)return dfs(arr,cpt,t,dir,k+1);
            if(elements[cpt.y][cpt.x].fill)break;
            if(dfs(arr,cpt,t,1,k+1))return 1;
            if(dfs(arr,cpt,t,3,k+1))return 1;
        }
            return false;
    case 1://right
        for(i=s.x+1;i<=N+1;i++){
            cpt.x = i, cpt.y = s.y;
            if(cpt==t)return dfs(arr,cpt,t,dir,k+1);
            if(elements[cpt.y][cpt.x].fill)break;
            if(dfs(arr,cpt,t,0,k+1))return 1;
            if(dfs(arr,cpt,t,2,k+1))return 1;
        }
        return false;
    case 2://upwards
        for(i=s.y-1;i>=0;i--){
            cpt.x = s.x, cpt.y = i;
            if(cpt==t)return dfs(arr,cpt,t,dir,k+1);
            if(elements[cpt.y][cpt.x].fill)break;
            if(dfs(arr,cpt,t,1,k+1))return 1;
            if(dfs(arr,cpt,t,3,k+1))return 1;
        }
        return false;
    case 3://left
        for(i=s.x-1;i>=0;i--){
            cpt.x = i, cpt.y = s.y;
            if(cpt==t)return dfs(arr,cpt,t,dir,k+1);
```

```
            if(elements[cpt. y][cpt. x]. fill)break;
            if(dfs(arr,cpt,t,0,k+1))return 1;
            if(dfs(arr,cpt,t,2,k+1))return 1;
        }

        return false;
    }
}
```

下面举例阐述算法运行原理。图 10.7 中方格中填充人物头像的表示有图像显示的方格，是待消除的图片。S 与 T 是用户游戏过程中选中试图进行消除的两个格子。游戏判定两张图片 id 相同，满足条件，则调用 dfs 函数进行可行路径的搜索。搜索方向按照下、右、上、左的方向顺序进行路径搜索。图中 S 为第一段路径起点，在垂直向下的列方向上进行搜索。首先搜至（2,3）点，判断格子为空，则接着递归至第二段进行搜索，根据前一段的方向，第二段的搜索方向只能为向左、向右进行。首先向左搜索，并在每个空的格子上进行向下和向上两个方向进行第三段搜索，如图中所标的 1、2、3、4 共 4 个方向，均无法到达 T 点，搜索失败，在第二段搜索至第 5 条线路，越界，仍然无法到达目的地，因此，递归返回至（2,3）点，继续向右进行第二段的搜索。向右遇到非空格子，搜索结束，仍然回到（2,3）点，进行第一段的一步探索，发现均无法到达。至此，从 S 点出发向下的所有路径都无法到达 T 点，因此切换方向为向右搜索。搜索完（2,3）点的两个方向，继续向下到达（3,3）点，继续按照之前的步骤进行搜索，如图 10.7 的（c）和（d）所示。仍然未能搜到目标，则继续移动到（4,3）点，重复以上搜索，依旧未能搜到符合要求的路径。继续移动到（5,3）点，在向右搜索时到达目标点，路径搜索成功。图 10.7（h）中所示的路径 11 即满足要求的路径。

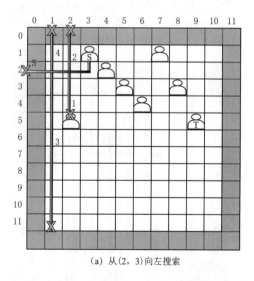

(a) 从(2，3)向左搜索

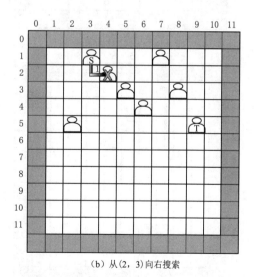

(b) 从(2，3)向右搜索

图 10.7 （一） 路径搜索示例

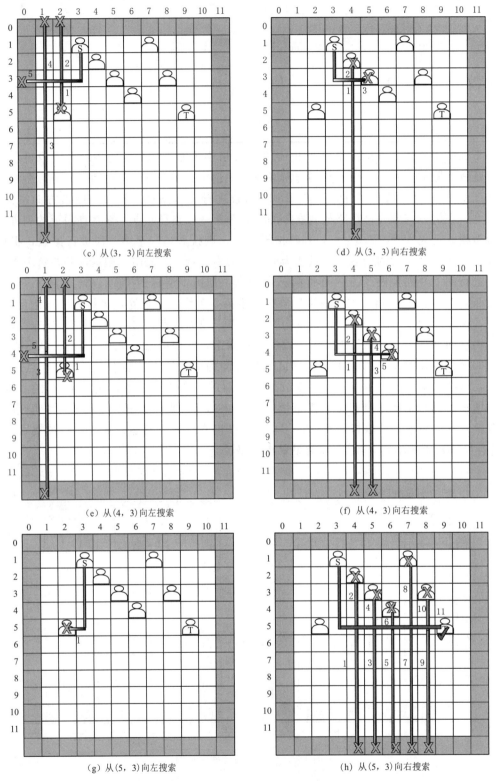

图 10.7 （二） 路径搜索示例

读者可根据算法描述及算法执行过程加强理解，并以此为基础写出完整的功能代码。

（5）int IsFinish() 判断游戏是否已经完成。该函数无参数，返回的是 1 或者 0，1 表示游戏任务已经完成，0 表示还未消除所有方块。函数的思路是通过判断二维数组 elements 中的每个元素的 fill 属性是否为 1，只要数组中存在至少一个元素的 fill 为 1，则游戏继续，反之结束本次游戏任务。

（6）void DrawPolygonLine(Point plist[],int cur_tm) 画出搜索到的路径，显示路径，作为游戏效果，这里可以结合声音特效，增强游戏体验。函数的编制逻辑是遍历所有点，两个相邻点画出一段线，由于需要较粗的线，这里调用 SDL 函数 SDL_RenderFillRect 画出填充矩形代替线的效果。相邻两点若是 x 坐标相同，则画长度为固定线的粗细的宽度为两个点 y 坐标距离的实填充矩形，若两个点是 y 坐标相同，则画出长度为 x 坐标距离、宽度为固定线的粗细的矩形。

（7）void DrawSprites() 画每个格子中的图片，图片是否显示根据格子的状态决定。调用 SDL 的图像显示函数完成。具体地，对于每一幅需要显示的图像，首先调用 SDL_RenderCopy 函数将图像缩放至特定的尺寸，然后再调用 SDL_RenderDrawRect 函数画出图像。

10.4 拓 展 功 能 实 现

本案例的核心功能已经在上一小节中进行了详细的说明，能够进行基本的连连看游戏。为进一步加强读者的程序编写能力，可以从以下几个方面对基本程序进行拓展。首先，可以增加关卡设置，不同关卡设置不同难度的方块数量或者是不同的模式；其次，可以增加记分模块，增强游戏效果。现罗列以下几个方面供读者参考。

（1）可以设置图片可以移动，增加游戏难度，不同关卡可以让图片往不同方向移动。

（2）增加记分模块、积分排行榜。

（3）增加游戏启动画面，用户账号密码功能

（4）准备多套图像，可以切换图像，增强乐趣。

（5）增加特殊道具。

（6）其他更多功能可以参考同类游戏。

10.5 小   结

通过本次案例开发，主要掌握深度优先搜索的算法设计与实现，项目的设计编码，能够驾驭代码的调试，熟悉 SDL 库的用法，初步熟悉了 GUI 程序的设计思路和方法。

第 10 章 图形应用案例 2
——连连看游戏的设计实现

第 3 篇 拓 展 篇

第 11 章

软硬协同设计案例 1——"欢度国庆"
电子显示板的设计与实现

11.1 案例导入，思政结合

我们已经通过了 C 语言基础篇、实战篇的学习，拓展篇中将通过软硬件协同设计，在真实硬件上实现程序，理解代码如何直接影响和控制物理世界。随着应用场景的拓展，物联网的发展已经进入了一个快速增长阶段。本章项目"欢度国庆电子板"选择 Arduino 和点阵屏作为核心硬件，通过软件编程与硬件操作，团队协作完成一个表达祝福语的电子显示板的设计。通过现代科技与传统庆祝活动的融合，以一种创新的形式表达对国庆节的庆祝和尊重。

11.2 设 计 目 标

本章中通过结合 C 语言和 Arduino 的应用，设计一个与国庆节活动相关的电子显示板。本项目以 C 语言为开发语言，实践如何将软件和硬件结合，利用 C 语言编程控制 Arduino 和点阵屏，静态显示单个汉字、图案，动态显示祝福语句等具体功能。项目中涉及 C 语言编程、Arduino 开发板和点阵屏等元器件、原理应用、硬件接口和实际操作，鼓励学生发挥创意，对电子板的显示内容和样式进行个性化设计，制作出具有创新性的作品。通过项目背景的讨论，使读者更深刻理解国庆节的历史和文化意义，增强国家意识和爱国情感。

11.3 总 体 设 计

11.3.1 硬件选择

1. Arduino 开发板

Arduino 是一款便捷灵活，广泛用于电子和编程项目的开源硬件平台，包括 Arduino Uno、Arduino Nano、Arduino Mega 2560 等多款型号的 Arduino 开发板和 Arduino IDE 软件。Arduino 诞生于 2005 年，起源于意大利的 Ivrea，最初是由 Massimo Banzi 和 David Cuartielles 发起，自推出以来，Arduino 迅速成为全球最受欢迎的微控制器平台之一。

它的开源性质促进了一个庞大的在线社区的发展，社区成员共享指南、项目案例和代码样本等。Arduino 的编程语言基于 C/C++，Arduino 开发板可以轻松连接到各种传感器、电机、LED 灯和其他组件模块，易于扩展且适用于多种类型的项目，使得个人和小团队能够以前所未有的方式创造和实现创新项目，极大地推动了全球的创客运动。

　　Arduino 发展至今，已经有了多种型号及众多衍生控制器的推出。Arduino UNO 是目前使用最广泛的 Arduino 控制器，具有 Arduino 的所有功能，是初学者的最佳选择。Arduino MEGA 是 Arduino 系列中的一款增强型高性能开发板，本案例选用的是 Arduino MEGA 2560。相对于 UNO，MEGA 2560 基于 ATmega2560 微控制器，可以提供更多的输入输出选项和更大的内存空间，使其成为处理更复杂项目的理想选择，例如机器人项目、大型交互式艺术装置、数据密集型任务和多任务处理。

　　Arduino MEGA 2560 的时钟速度 16MHz，其详细组成信息如图 11.1 所示，引脚定义见表 11.1。

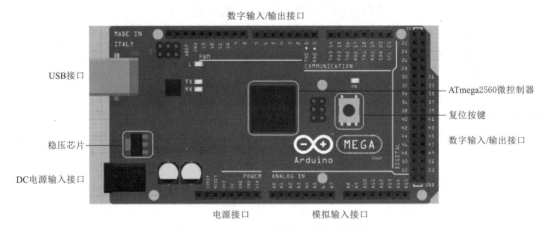

图 11.1　Arduino MEGA 2560 解析图

　　（1）电源（Power）。Arduino MEGA 2560 有三种供电方式：

　　1）通过 USB 接口供电，电压为+5V。

　　2）通过 DC 电源输入接口供电，电压为+7～+12V。

　　3）通过电源接口处+5V 或者 VIN 端口供电，电源接口处供电必须为+5V，VIN 端口处供电为+7～+12V。

　　（2）复位按键（Reset Button）。按下该按键，Arduino 重新启动，从头开始运行程序。

　　（3）存储空间（Memory）。Arduino Mega 2560 的存储空间分为三种：

　　1）Flash Memory，闪存，容量为 256KB，其中 4KB 用于存储引导程序，实现用户通过 USB 口上传、下载程序的功能；另外的空间用于用户存储在 Arduino 板上运行的程序。相对于其他 Arduino 板来说，Arduino Mega 2560 的闪存空间较大，使其能够容纳更复杂的程序和更大的代码库。

　　2）SRAM，静态随机存取存储器，容量为 8KB，用于存储程序运行时的变量和数据。对于需要处理大量数据或运行复杂算法的项目，提供了足够的空间来存储临时数据。

3）EEPROM，可擦除可编程只读存储器，容量为 4KB，用于存储需要在断电后仍保留的数据。与闪存和 SRAM 不同，存储在 EEPROM 中的数据即使在断电后也不会丢失。

（4）指示灯（LED）。Arduino MEGA 2560 有三类 LED 指示灯，提供实时的视觉反馈，对于程序的测试和调试非常重要。

1）电源指示灯，通常标记为"PWR"，用来显示 Arduino 板是否正确接通电源。当板子接通电源时，这个灯会亮起。

2）引脚 13 指示灯，通常标记为"L"，这个指示灯连接到板子上的数字引脚 13。可以用于测试程序是否正确运行。

3）传输指示灯，通常标记为"TX"和"RX"，用于显示串行通信活动。当通过 Arduino 板上的串行端口发送数据时，TX 指示灯会闪烁，接收数据时，RX 指示灯闪烁。

（5）模拟输入端口。Arduino MEGA 2560 有 16 个模拟输入引脚，通常标记为 A0 到 A15，用于读取模拟信号，例如从温度、湿度、光强等传感器接收的模拟数据。

（6）数字输入/输出端口。Arduino MEGA 2560 提供 54 个数字输入/输出端口，通常标记为 0～53。每个数字端口都可以被配置为输入或输出，用于读取数字信号或输出数字信号。虽然数字输入/输出端口非常灵活，但每个端口只能提供有限的电流（通常在 20～40mA），如果直接从这些端口驱动大功率设备，可能会损坏板子。Arduino MEGA 2560 的数字输入/输出端口具有多种特殊功能，包括：

1）PWM 输出，提供 15 个 PWM 输出端口，分别是 2、3、4、5、6、7、8、9、10、11、12、13、44、45 和 46 引脚，可输出 PWM 波，用于调整 LED 的亮度或电机的速度等。

2）外部中断，支持外部中断的端口有 2、3、18、19、20 和 21 引脚，允许端口在检测到特定的信号变化时触发中断服务。

3）UART 通信，0（RX）和 1（TX）引脚用于接收和发送串口数据，实现 Arduino 板与计算机、其他板或支持串行通信的设备之间的数据传输。

4）I^2C 通信，20（SDA）和 21（SCL）用于 I^2C、TWI 通信，可以使多个设备如传感器、显示屏等通过两线制总线进行通信。

5）SPI 通信，50（MISO）、51（MOSI）、52（SCK）和 53（SS）用于实现 Arduino 板和各种外围设备之间的主从模式同步串行通信。

6）AREF，标记为"AREF"，通常位于数字引脚 13 和地（GND）引脚之间，用于提供模拟参考电压。

7）复位端口，通常被标记为"RESET"，在程序调试或系统异常时，用来手动重启 Arduino 板。

表 11.1　　　　　　　　　　　Arduino MEGA 2560 引脚一览表

引脚类型	引脚名称	功　能
电源引脚	5V	提供稳定的＋5V 电压
	3.3V	提供稳定的＋3.3V 电压
	GND	接地引脚
	VIN	提供外部电源（＋7～＋12V）
模拟输入引脚	A0～A15	用于读取模拟信号

续表

引脚类型	引脚名称	功　能
数字输入/输出引脚	2、3、4、5、6、7、8、9、10、11、12、13、44、45、46	PWM 输出
	0、1	UART 通信
	2、3、18、19、20、21	支持外部中断
	20、21	I^{2}C 通信
	50、51、52、53	SPI 通信
	0～53	数字输入/输出
	AREF	提供模拟参考电压
	RESET	复位

2. 发光二极管 LED

发光二极管 LED 是一种半导体光源，当电流通过时可以发光，其实物图及图形符号如图 11.2 所示。发光二极管有正负两极，长脚接正极，短脚接负极。LED 发光的颜色取决于使用的半导体材料类型，可以覆盖从红色到蓝色的广泛光谱，甚至包括紫外光、红外光。由于其高效率、耐用性和长寿命，LED 在现代电子设备中广泛应用。

3. 点阵屏

点阵屏是由一系列排列整齐的发光二极管（LED）组成的显示设备，常用于显示简单图形和文本，本案例中选用的是标准 8×8 点阵屏，如图 11.3 所示。8×8 点阵屏共有 64 个 LED，分为 8 行和 8 列。每个 LED 可以单独控制，用来显示不同的图案或字符。

图 11.2　发光二极管实物图及图形符号

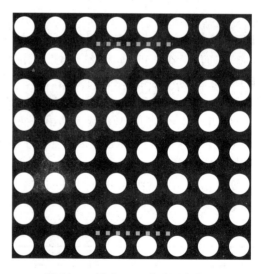

图 11.3　标准 8×8 点阵屏实物图

点阵屏通常有共阴极、共阳极两种类型，了解它们的区别和控制方式对于正确使用点阵屏至关重要。如果点阵屏中所有 LED 的阴极，也就是负极被连接在一起并共用，就称为共阴极点阵屏；反之，点阵屏中所有 LED 的阳极，也就是正极被连接在一起并共用，就称为共阳极点阵屏。

对于共阴极点阵屏，当要点亮某个 LED 时，需要将其阳极接高电平，而阴极接地。由于所有 LED 的阴极都已连接在一起并共接至地线，因此，我们只需控制每个 LED 的阳极就可以控制它们的亮或灭。同理，对于共阳极点阵屏，由于所有 LED 的阳极都已连接在一起并共接高电平，因此，我们只需控制每个 LED 的阴极就可以控制它们的亮或灭。本案例中选择的是共阴极点阵屏。

4. 电阻

电阻是电路中的一个基本元件，用于限制电流的流动，其实物图及图形符号如图 11.4 所示。电阻在电路中的使用极其广泛，用法也很多。本案例中是作为限流电阻使用，主要目的是保护点阵屏中的 LED 不受过大电流的损害，同时确保 LED 能以适当的亮度稳定工作，取值可以为 100～200Ω。

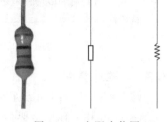

图 11.4　电阻实物图及图形符号

5. 面包板

面包板是一种用于搭建电子电路的实验工具，可以根据需要进行插入或拔出的操作，无须焊接，节省了电路的组装时间，同时免焊接使得元件可以重复使用，避免了浪费和多次购买。面包板表面通常是一系列紧密排列的孔，这些孔用来插入电子元件的引脚或导线，实物图如图 11.5 所示。

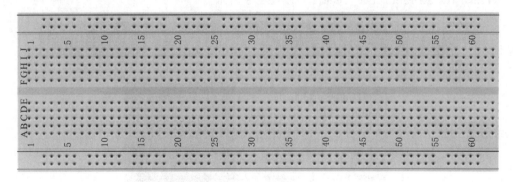

图 11.5　面包板实物图

面包板内部结构如图 11.6 所示，面包板上的孔内部通过金属条连接，形成电路连接点。两侧通常有一条或两条用于电源和地线的长条状区域，两边的插孔是数个横向插孔连通，而纵向是不连通的。而中间的插孔是五个纵向的插孔相互连通，而横向不连通。

6. 杜邦线

杜邦线是一种常用于电子项目和原型设计的连接线，通常由一根或多根导线组成，每根导线两端都配有塑料绝缘的接头，如图 11.7 所示。杜邦线的接头通常分为公对公、母对母和公对母三种类型，不需要焊接，可以反复插拔使用。特别适合用来连接面包板上的不同组件或者将面包板连接到其他设备上。

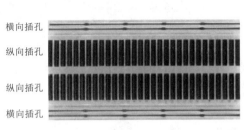

图 11.6　面包板内部结构图

图 11.7　杜邦线实物图

11.3.2　软件要求

1. 下载配置 Arduino 开发环境

Arduino 开发环境主要包含两个部分，硬件部分是用来完成电路连接的 Arduino 开发板，如 11.3.1 节中所介绍，另外一个则是计算机中的软件开发环境 Arduino IDE。只要在 IDE 编写程序代码，然后将程序编译、下载和烧录到 arduino 开发板中，Arduino 产品才可以运作，完成相应的工作。

在使用 Arduino IDE 之前，需要在计算机上安装配置 Arduino 的基础开发环境，可以用 U 盘拷贝已经下载完成的安装包，也可以直接在 Arduino 官网下载。打开浏览器，在网址栏输入网址 https：//www.Arduino.cc/en/Main/Software，进入到页面后，找到"Download the Arduino IDE"页面，如图 11.8 所示。

图 11.8　Arduino IDE 下载页面

在 Windows 系统下，点击图中的 Windows（ZIP file），进入下一个界面后点击 JUSTDOWNLOAD 即可下载。在 Mac OS 系统下，下载并解压 ZIP 文件，双击 Arduino.app 文件后即可进入 Arduino IDE。如果计算机中还没有安装 JAVA 运行库，则系统会提示进行安装，安装完成可以运行 Arduino IDE。在 Linux 系统下，需要使用 make install 命令进行安装。

Windows 系统中下载完成后解压文件，打开解压后的文件夹，双击 Arduino.exe 文件就可以进入 Arduino IDE。

Arduino IDE 安装后需要配置端口才可以正常使用，将 USB 数据线一端插到 Arduino 开发板上，另外一端连接到计算机上，连接成功后开发板上的红色电源指示灯亮。打开计算机的控制面板，找到并选择设备管理器，找到其他设备—>Arduino‑xx，右击选择更新驱动程序软件，当设备管理器端口会显示一个串口号如 USB‑SERIAL CH340（COM5）则说明驱动安装成功。

2. 认识 Arduino IDE

打开 Arduino IDE 之后，首先可以看到启动画面，然后出现 Arduino IDE 的编辑界面，如图 11.9 所示，第三方的开发环境需要下载相应的 Arduino 插件并进行配置。

图 11.9　Arduino IDE 界面

Arduino IDE 窗口分为菜单栏、工具栏、代码编辑区、调试测试区 4 个区域，常用的功能包括新建项目、打开项目、保存项目等，快捷键包括：

校验（Verify），用于验证程序是否编写无误，正确则编译该项目提示。

下载（Upload），下载程序到 Arduino 开发板上。

串口监视器（Serial Monitor），查看串口发送或接收到的数据。

Arduino 是一种基于 Wiring 的编程语言，该语言基于 C/C++，保持了 C/C++的强大功能，但进行了简化和封装，专门为 Arduino 开发平台设计。Arduino 核心库文件提供了多种应用程序编程接口（Application Programming Interface，简称 API），封装了底层硬件的操作，开发者只需要采用函数调用的方式编写程序，增强了程序可读性的同时，提高了开发效率。

3. "Blink"——Arduino 中的 "Hello World"

"Hello World" 作为最基本的计算机编程示例，已经成为学习新的编程语言的传统入门步骤。在 Arduino 中，"Hello World" 对应着我们的 "Blink" 程序，这个示例程序展

179

示了 Arduino 的基本编程语法、编译和下载程序流程，同时也可以测试 Arduino 开发板好坏，实现 LED 灯闪烁的功能。在 Arduino 窗口中选择 File →Examples →01. Basics →Blink 菜单项，如图 11.10 所示，可以打开要使用的示例程序。

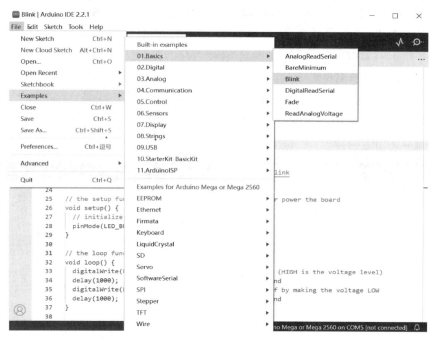

图 11.10　打开 Arduino 的 Blink 示例程序

Blink 示例程序代码如下：

```
/ *
Blink
Turns an LED on for one second, then off for one second, repeatedly.
This example code is in the public domain.
https://www.arduino.cc/en/Tutorial/BuiltInExamples/Blink
* /
// the setup function runs once when you press reset or power the board
int LED_BUILTIN=13;
void setup() {
  // initialize digital pin LED_BUILTIN as an output.
  pinMode(LED_BUILTIN, OUTPUT);
}
// the loop function runs over and over again forever
void loop() {
  digitalWrite(LED_BUILTIN, HIGH);  // turn the LED on (HIGH is the voltage level)
  delay(1000);     // wait for a second
  digitalWrite(LED_BUILTIN, LOW); // turn the LED off by making the voltage LOW
  delay(1000);     // wait for a second
}
```

Arduino 程序由 setup() 函数、loop() 函数和其他自定义函数（可选）构成。在板子启动或者按下复位键后，setup() 函数部分的程序运行且只运行一次，用于初始化设置，如配置 I/O 口状态、初始化串口等操作；loop() 函数中的程序在 setup() 函数执行后循环执行，负责完成程序的主要功能。

Blink.ino 示例程序展示了如何使用 Arduino 控制内置 LED 每隔 1 秒钟交替点亮和熄灭的操作，对程序的详细解释如下。

（1）定义 LED 引脚。intLED_BUILTIN=13；在大多数的 Arduino 开发板上，数字引脚 13 连接一个内置的 LED 灯，这行代码定义了一个整型变量，名为 LED_BUILTIN，赋值为 13。程序中将使用 LED_BUILTIN 这个名字来控制数字引脚 13 连接的 LED 灯，增强代码的可读性。

（2）初始化设置函数 setup()。pinMode (LED_BUILTIN,OUTPUT)；setup() 函数在 Arduino 板电源打开或重置后被自动调用一次，这行代码用于初始化数字引脚 LED_BUILTIN 为输出模式（OUTPUT），表明该引脚将用来向 LED 灯提供电压。

（3）循环函数 loop()。digitalWrite (LED_BUILTIN, HIGH)；loop() 函数在 setup() 函数执行后不断重复执行，这行代码中通过将 LED_BUILTIN 引脚设置为 HIGH（高电平），将 LED 灯点亮。

delay(1000)；这行代码表示程序暂停 1 秒钟，延迟的单位是 1 毫秒，1000 毫秒等于 1 秒，这样就可以看到 LED 灯被点亮。

digitalWrite(LED_BUILTIN,LOW)；这行代码中通过将 LED_BUILTIN 引脚设置为 LOW，即低电平，将 LED 灯熄灭。之后程序再次暂停 1 秒钟，可以看到 LED 灯熄灭，不断重复该循环，使得 LED 灯实现每秒钟闪烁一次的效果。

程序在编译或者下载之前，需要先在"Tools→Board→Boards Manager"中选择正在使用的 Arduino 开发板型号，如图 11.11 所示。接着在"Tools→Port"菜单中选择该 Arduino 开发板对应的串口，如 COM5。当开发板型号和串口设置完成后，点击工具栏校验（Verify）按钮，IDE 将自动检测程序是否正确。如果正确，则在调试测试区依次显示"编译程序中"和"编译完毕"，并显示当前程序编译后的大小，可使用的 Flash 程序存储空间大小等信息；如果错误，则显示相关的错误提示。

当点击工具栏下载（Upload）按钮，在调试测试区依次显示"编译程序中"和"下载中"。在下载过程中，开发板上的 TX（发送）和 RX（接收）指示灯快速闪烁。表示数据正在从计算机通过 USB 串行连接写入到开发板。当程序下载成功，TX、RX 指示灯停止闪烁，LED 按照程序设定模式闪烁；如果下载过程中出现错误，调试测试区将显示错误信息，Arduino 开发板不会实现预期效果。

11.3.3　系统框架

1. 软件架构

本项目以 C 语言为基础，基于 Arduino IDE 开发平台，在 Arduino 开发板、LED 点阵屏等电路基础上，编写程序，实现在一个 8×8 的 LED 点阵屏上静态显示特定图案、单个字符、单个汉字，动态显示多个字符、图案等构成的祝福语。该项目的软件架构主要分为初始化模块、图案/字符/汉字管理模块、显示控制模块和动态显示管理模块，每部分除

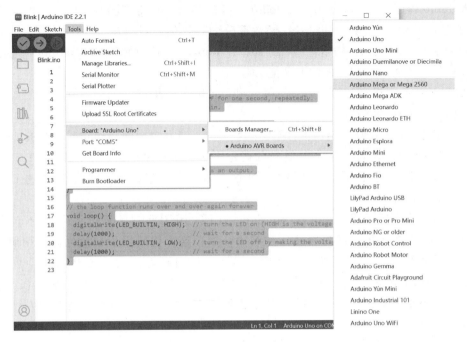

图 11.11　选择 Arduino 开发板型号

实现基本功能外，可以进一步拓展。

（1）初始化模块。用于系统启动时的初始化，包括设置 LED 点阵屏的硬件接口，配置 GPIO 引脚模式，清除屏幕、准备接收数据。

拓展：本项目中采用并行控制模式，拓展训练可以考虑采用 I^2C 或 SPI 通信模式，以减少使用的引脚数量。初始化模块时要设置 LED 点阵屏的通信协议以及必要的通信参数。

（2）图案/字符/汉字管理模块。用来存储和管理预定义的图案、字符和汉字的映射。定义字符集，每个特定的图案、字符和汉字通过一个矩阵表示，矩阵中的每个元素对应 LED 点阵屏上的一个点，以此方式实现字符映射。

拓展：本项目中采用二维数组的方式来实现字符映射，是否还可以采用其他方式实现？查阅资料，查找是否有较快速的方法或较合适的工具进行字符映射转换？

（3）显示控制模块。控制在 LED 点阵屏上显示具体的图案、字符或汉字。

拓展：本项目中设定了字符和给定了一个爱心图案，拓展训练时可以考虑编写一个函数，能根据输入的字符找到该字符映射矩阵，然后在 LED 点阵屏输出对应的字符图案。

（4）动态显示管理模块。采用循环方式控制指定文本，包括多个汉字、图案或字符按照给定速度动态显示，实现文本滚动。

拓展：本项目中实现的是逐字刷新的效果，是否可以实现滚动显示的效果？除了本项目中采用的循环执行程序的方式实现动态显示外，是否可以采用其他的方式实现，如使用定时器中断的方式实现动态显示？

整个项目采用模块化设计，编程时要考虑到 Arduino 等嵌入式设备的资源限制，代码应尽量节约内存和处理资源。算法要优化，如动态显示算法，以减少延迟和 LED 点阵屏的闪烁。架构设计时还要考虑到可能增加的新图案、新字符或新汉字等，增强系统的可扩展性以及易维护性。

2. 硬件系统方框图

系统方框图（System Block Diagram）是一种表示系统各部分之间关系的图表，通过方框和箭头/线条简明扼要地展示系统的主要部件以及这些部件之间的连接和数据流。系统方框图中的每个方框代表系统的一个组件或一个部分，如本项目中的 Aruduino 开发板、LCD 点阵屏等；箭头/线条表示组件之间的数据流或者控制信号路径，箭头的方向代表着信号的流向。方框图中通常包含文字说明，描述各个组件的功能或者信号性质等。

本项目硬件系统方框图如图 11.12 所示，其中 Arduino 开发板是本系统的核心，与其他所有组件相连，LED 点阵屏用于显示信息，还可以增加 LED 灯作为不同状态的指示。本项目选用 Arduino Mega 2560 作为主控开发板，复位电路模块、电源电路模块和下载电路模块集成在该开发板上，主要编写程序代码实现单个图案、字符、汉字的静态

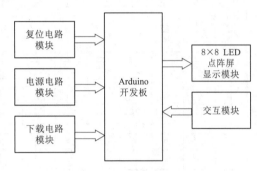

图 11.12 系统方框图

显示和多个图案、字符、汉字的动态循环显示的功能。方框图中的交互模块作为拓展部分，实现从键盘输入字符，LED 点阵屏输出对应字符的功能。

11.4 功 能 实 现

11.4.1 硬件连接

本案例所需要的硬件包括 Arduino Mega 2560、8×8 共阴极 LED 点阵屏、200 欧姆电阻、面包板以及足量的杜邦线。借助面包板，完成硬件电路搭建，硬件电路原理图如图 11.13 所示，连接示意图如图 11.14 所示。

案例中采用的是并行方式控制 8×8 的 LED 点阵屏，而 Mega 2560 具有丰富的 I/O 口和内存，可以提供多达 54 个数字 I/O 引脚，因此选用了 Arduino Mega 2560 作为主控开发板，由其直接向点阵屏的每一行和每一列发送信号。并行控制的方式逻辑简单易理解，但是需要开发板有更多的引脚，需要管理 LED 中每个 LED 灯的状态，编程复杂度较高。限流电阻用于包含 LED 中的 LED 灯，防止通过 LED 灯的电流过大，损坏 LED 灯。

11.4.2 软件开发

1. 软硬件协同设计

软硬件协同设计（Hardware - Software Co - Design）是一种将硬件设计和软件开发紧密结合的工程方法，广泛应用于嵌入式系统、AI 智能设备以及复杂系统开发中。在系统开发过程中，要充分考虑软件和硬件相互依赖关系，既涉及硬件的选择和连接，又包括软件的开发和优化。

本实例中在进行硬件设计时，考虑到可能需要较大内存来存储图案、字符和汉字等数

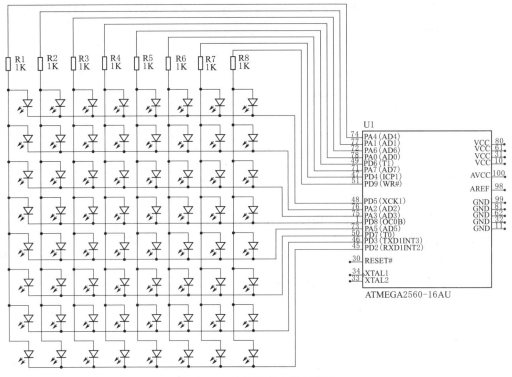

图 11.13　系统硬件电路原理图

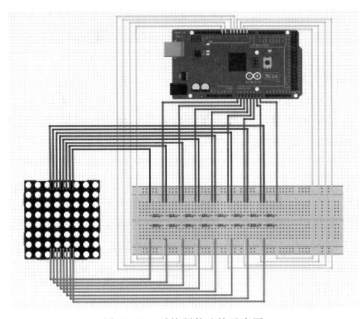

图 11.14　系统硬件连接示意图

字，并且需要较多的 I/O 口并行控制 LED 点阵屏，选择使用 Arduino Mega 2560 作为主控开发板。软件开发时根据所选择的点阵屏，选择或编写、修改合适的 Arduino 库文件来精确控制，达到预定的显示效果。结合 mega 2560 和点阵屏设计图案、字模的数据结构，动态显示的算法。下载程序代码，在实际硬件上运行软件，测试、优化直至达到最佳显示效果和系统性能。

2. 初始化设置

（1）数字信号和电平特性。数字信号通常指的是非连续的、离散的信号，主要用于信息的存储、传输和处理，以二进制的"1"和"0"来表示。数字信号的核心优势在于其强大的抗干扰能力和高度的可靠性，在传输和存储的过程中，即使信号有一定程度的噪声和损失，但只要没有达到使二进制数翻转的程度，信息依然可以准备无误地恢复。另外，数字信号适合高度集成和自动化，可以在芯片级上构建出功能强大的智能设备等。

数字信号的逻辑电平有两种基本状态，高电平（HIGH），对应于正电压，比如＋5V或＋3.3V，在数字逻辑中代表了逻辑"1"；低电平（LOW），对应于地（GND），即接近于 0V 的电压，在数字逻辑中代表了逻辑"0"。

（2）Arduino 的数字 I/O 口。Arduino 上每一个带有数字编号的引脚，包括以"A"编号的模拟输入引脚都可以完成数字信号的输入/输出功能。使用 I/O 口实现输入或输出功能前，需要先通过 pinMode() 函数配置引脚的输入或输出模式。Arduino 的引脚配置模式见表 11.2。

表 11.2　　　　　　　　　　**Arduino 引脚配置模式一览表**

模式名称（mode）	说　明	功　　能
INPUT	输入模式	用于读取外部设备、传感器的状态，如开关、按键等
OUTPUT	输出模式	用于向外部设备发送高电平或低电平信号，如点亮 LED、驱动继电器和电机等
INPUT_PULLUP	上拉输入模式	通过内部上拉电阻将引脚拉高至弱 1 状态，可以避免出现输入引脚悬空的不确定态

（3）编程开发。初始化设置在函数 setup() 中实现，参考程序如下：

```
// 定义行和列的引脚数组
int col[] = { 6, A2, A3, 3, A5, 4, 8, 9 };
int row[] = { 2, 7, A7, 5, A0, A6, A1, A4 };

void setup() {
  // 初始化引脚
  for (int i = 0; i < 8; i++) {
    pinMode(row[i], OUTPUT);
    pinMode(col[i], OUTPUT);
    digitalWrite(row[i], HIGH);
    digitalWrite(col[i], LOW);
  }
}
```

首先通过 pinMode() 函数初始化引脚模式，即：

pinMode(pin, mode)；参数 pin 为指定配置的引脚编号，参数 mode 为指定配置的引脚模式。

本案例中定义了行和列引脚为整型数组，行和列的引脚编号分别为 col[ ]、row[ ]数组中的元素。

```
int col[] = { 6, A2, A3, 3, A5, 4, 8, 9 };
int row[] = { 2, 7, A7, 5, A0, A6, A1, A4 };
```

采用 for 循环结构，将行和列的引脚配置为输出模式。

```
pinMode(row[i], OUTPUT);
pinMode(col[i], OUTPUT);
```

然后通过 digitalWrite() 函数，设置行和列引脚的初始状态，即：

digitalWrite(pin, value); 参数 pin 为指定配置的引脚编号，参数 value 为指定的输出电平，使用 HIGH 表示输出高电平，输出 LOW 表示输出低电平。

```
digitalWrite(row[i], HIGH);
digitalWrite(col[i], LOW);
```

本实例中由于采用的是共阴极 LED 点阵屏，当列被设置为低电平而行被设置为高电平时，LED 点阵屏中的 LED 被关闭。同理在 for 循环结构中，将每一行、每一列设置初始值，使得整个点阵屏没有任何点被点亮。

【拓展练习 1】：如果采用的是共阳极 LED 点阵屏，设置行和列引脚的初始值，使得 LCD 点阵屏初始为关闭状态。

【拓展练习 2】：编写程序，实现初始化时 LED 点阵屏闪烁两次，然后处于关闭状态。

3. 静态显示特定图案、单个字符或汉字

（1）定义特定图案的数组数据。本实例中显示如图 11.15 所示的爱心图案，该图案的数组数据如下：

```
int picLove1[][8] = {
  {1,0, 0, 0, 0, 0, 1, 1},
  {0, 0,0, 0, 0, 0, 0, 1},
  {0, 0,0, 0, 0, 0, 0, 1},
  {1,0, 0, 0, 0, 0, 0, 0},
  {1,0, 0, 0, 0, 0, 0, 0},
  {0, 0,0, 0, 0, 0, 0, 1},
  {0, 0,0, 0, 0, 0, 0, 1},
  {1,0, 0, 0, 0, 0, 1, 1}
}
```

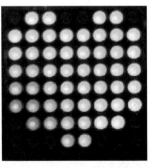

图 11.15　爱心图案显示

也可以采用十六进制的数值表示方式，即：

int picLove2[] = { 0×83, 0×01, 0×01, 0×80, 0×80, 0×01, 0×01, 0×83 };

当然也可以根据其他特定图案，修改数组中的元素值，如定义一个矩形图案，对应整型数组 int picrect[]，即：

intpicrect[] = { 0×00, 0×00, 0×7E, 0×7E, 0×7E, 0×7E, 0×00, 0×00 };

（2）单个字符或汉字字模。字符或汉字的字模是字符或汉字显示的点阵图形的描述，本实例中采用 8 * 8 大小的 LED 点阵屏，获取的字符或汉字的字模数据用于在点阵屏上显示。可以手动绘制或调整字模以达到显示需求或者优化显示效果，也可以使用字模生成器等工具导入特定字体、大小，自动生产对应的字模数据。本实例中采用"PCtoLCD2002 完美版"工具来获取字模。

本实例中获取字符"C""H""I""N""A"以及汉字字符"我""中""国"，并且定义了整型数组 picC[ ]、picH[ ]、picI[ ]、picN[ ]、picA[ ]用于存放单个字符"C""H""I""N""A"，定义了整型数组 picWO[ ]、picZHONG[ ]、picGUO[ ]用于存放单个汉字"我""中""国"。

```
//字符 CHINA
int picC[ ] = { 0×81, 0×00, 0×3C, 0×3C, 0×3C, 0×3C, 0×FF };
int picH[] = { 0×FF, 0×00, 0×00, 0×E7, 0×E7, 0×00, 0×00, 0×FF };
int picI[] = { 0×FF, 0×3C, 0×3C, 0×00, 0×00, 0×3C, 0×3C, 0×FF };
int picN[] = { 0×FF, 0×00, 0×80, 0×C7, 0×E3, 0×01, 0×00, 0×FF };
int picA[] = { 0×FC, 0×F1, 0×C3, 0×0B, 0×0B, 0×C3, 0×F1, 0×FC };


//汉字我中国
int picWO[] = { 0×9D, 0×5A, 0×00, 0×D7, 0×DE, 0×01, 0×DA, 0×56 };
int picZHONG[] = { 0×FF, 0×C7, 0×D7, 0×00, 0×00, 0×D7, 0×C7, 0×FF };
int picGUO[] =  { 0×00, 0×7C, 0×54, 0×40, 0×54, 0×78, 0×00, 0×FF };
```

【拓展练习1】：如果采用的是共阳极 LED 点阵屏，编写程序，定义整型数组并存储获取的"C""H""I""N""A"以及"我""中""国"字模数据。

（3）编程开发。编写函数 ShowPicture(int * picture)，实现特定图案、单个字符或汉字的显示功能。参考程序如下：

```
// 显示特定图案、单个字符或汉字的函数
void ShowPicture(int * picture) {
  // 遍历每一列
  for (int i = 0; i < 8; i++) {
    // 将当前列的引脚设置为高电平,点亮对应列的 LED
digitalWrite(col[i], HIGH);

    // 遍历每一行
    for (int j = 0; j < 8; j++)
    // 根据当前行的 LED 状态,设置对应行的引脚状态,点亮或关闭 LED
    digitalWrite(row[j], picture[i] & (0x80 >> j));

    // 将所有行的引脚设置为高电平,关闭所有 LED
    for (int i = 0; i < 8; i++) {
      digitalWrite(row[i], HIGH);
      // 将当前列的引脚设置为低电平,准备显示下一列
      digitalWrite(col[i], LOW);
```

```
        }
    }
}

void loop() {
    // 循环显示每个字符
        ShowPicture(picGUO[]);
}
```

ShowPicture() 函数用于实现字模数据在 LED 点阵屏上的显示，采用 for 循环结构实现遍历。函数中遍历了每一列和每一行，根据 picture 数组存储的字模数据点亮或者熄灭点阵屏中的 LED 灯。对于共阴极 LED 点阵屏，当列设置为高，行设置为低时，节点处的 LED 灯点亮否则熄灭。

运行完 setup() 函数后，主循环函数 loop() 部分的程序被不断重复执行，即调用 ShowPicture(picGUO[])，显示 picGUO[] 数组中定义的字符"国"，实现单个汉字的静态显示功能。

（4）位操作符。在 ShowPicture() 函数中调用了两个特殊的操作符"&""＞＞"，这是位操作符（Bitwise Operators），用于处理位操作，本案例中用于控制 LED 点阵屏上的单个 LED 的亮灭状态。位操作符是对整数在位级别上进行操作的运算符，也就是直接对二进制数的每一位进行操作。常用的位操作符包括按位与（&）、按位或（｜）、按位异或（＾）、按位非（～）、左移（＜＜）、右移（＞＞）等，这里不一一介绍。

```
digitalWrite(row[j], picture[i] & (0×80 >> j));
```

在这行代码中，0×80 表示一个十六进制数，其二进制表示方式为 1000 0000，可以看到这里只有最高位为 1，其余位都是 0。

＞＞是右移操作符，0×80 ＞＞ j 表示 0x80 被右移了 j 位，如表达式 0×80 ＞＞ 3，最高位的 1 向右移动 4 位，结果为 0001 0000。

& 是按位与操作符，当两个操作数相应位都是 1 时，结果该位为 1，否则为 0。假设两个 8 位的二进制数，分别为 1010 1111、1100 1100，进行按位与之后的结果为：1000 1100。

代码中 j 作为一个循环变量，0×80 ＞＞ j 的作用是逐位检查数组 picture[i] 中的每一位，当 j＝0 时，picture[i] 与二进制数 1000 0000 进行按位与，即检查最高位；当 j＝1 时，0×80 右移 1 位，picture[i] 与二进制数 0100 0000 进行按位与，即检查次高位；以此类推，当 j＝7 时，0×80 右移 7 位，picture[i] 与二进制数 0000 0001 进行按位与，即检查最低位。

如果 picture[i] & (0×80 ＞＞ j) 结果为 1，这行代码相当于：

```
digitalWrite(row[j],HIGH);
```

如果 picture[i] & (0×80 ＞＞ j) 结果为 0，这行代码相当于：

```
digitalWrite(row[j],LOW);
```

　　以此方法，逐位控制 LED 点阵屏上的每个 LED 灯的状态，实现特定的复杂图案或者字符、汉字的显示。

　　【拓展练习 2】：如果采用的是共阳极 LED 点阵屏，编写程序，实现静态显示特定图案、单个字符或汉字功能。

　　4. 动态显示多个图案、字符或汉字

　　（1）定义存储动态循环显示的图案、文字的二维数组。

　　本实例中实现的是逐字动态循环显示如图 11.16 所示的信息，表达对祖国的热爱之情。

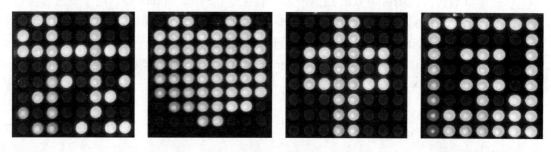

图 11.16　动态循环显示信息效果

　　定义二维数组 ZZDTXS[ ][8]，要获取显示一系列信息包括图案和文字的字模数据，并将字模数据按照显示的顺序，依次存储在该二维数组中。

```
// 定义存储动态循环显示的图案、文字的二维数组
intZZDTXS[][8] = {
    { 0×9D, 0×5A, 0×00, 0×D7, 0×DE, 0×01, 0×DA, 0×56 },
    { 0×83, 0×01, 0×01, 0×80, 0×80, 0×01, 0×01, 0×83 },
    { 0×FF, 0×C7, 0×D7, 0×00, 0×00, 0×D7, 0×C7, 0×FF },
    { 0×00, 0×7C, 0×54, 0×40, 0×54, 0×78, 0×00, 0×FF }};
```

　　（2）编程开发。首先定义一个宏 TIME，值为 1000ms，表示每张图案或文字实现的时间长度，即在 LED 点阵屏上持续显示 1s。

```
#define TIME 1000
```

　　loop() 函数作为 Arduino 程序中的一个主函数，持续运行代码块内的命令，直到设备断电或者重启。如以下参考程序代码，在 loopp() 函数中使用一个双重循环，迭代遍历 ZZDTXS 数组中定义的字符，循环变量 i 从 0 开始，增加到 3，意味着数组中有 4 个元素，即所要动态显示的信息包括 4 张图案或文字。每次循环时，调用 ShowPicture 函数，将 ZZDTXS [i] 作为参数传递，实现在 LED 点阵屏上显示 ZZDTXS 数组中的当前元素。

```
// 定义每张图片持续时间
#define TIME 1000
void loop() {
    //逐字动态循环显示每个字符
    for (int i = 0; i < 4; i++) {
```

```
    for (int j = 0; j < TIME; j++) {
      ShowPicture(ZZDTXS[i]);
    }
  }
}
```

5. 拓展功能实现

【拓展功能 1】编写程序代码，实现交互模块功能。如从键盘输入英文字符 a–z 或者 A–Z 或者数字 0–9，LED 点阵屏对应显示输入的字符。

（1）串口监视器。Aruino IDE 提供了串口监视器（Serial Monitor），用于发送和接收文本数据。由于 Aruino 中提供了内置的 Serial 库来实现串口通信功能，不需要使用 #include 语句来包含额外的头文件，但需要初始化串口通信。

使用 Serial. begin()、Serial. read()、Serial. print() 等函数实现串口通信的初始化、读入数据、输出数据等功能，参考代码如下：

```
void setup() {
  //打开串口通信,初始化设置波特率为 9600
  Serial. begin(9600);
}
void loop() {
  // 检查串口是否有数据可读
  if (Serial. available() > 0) {
    //从串口读取数据,并存储在变量 receivedChar 中
    char receivedChar = Serial. read();
    //回显接收到的数据
    Serial. print("I received: ");
Serial. println(receivedChar);
  }
}
```

（2）大量图案、字符或汉字字模数据的管理。当项目工程中需要动态显示的内容较多，包含大量的图案、字符或者汉字信息时，如何获取相应的字模数据？如何有效存储和查找字模数据？

【拓展功能 2】不同的动态显示方法所达到的视觉效果不同，编写程序代码，采用不同的动态循环显示方式实现"CHINA"。

（3）滚动显示效果。LED 点阵屏动态循环显示有多种，如本案例中的逐字刷新显示的效果，还有滚动显示、闪烁显示、动画显示等。滚动显示就是图案或文本从屏幕一侧滚动到另外一侧，也就是逐步移动显示内容的位置，每次移动一定的像素点，然后更新显示所达到的效果。

（4）动态显示实现方式。本案例中采用的循环执行程序的方式实现动态显示，这种方式代码直观，易理解，可以依赖于 delay() 函数来控制动态显示的更新速度，也可以采用实例中提供的参考代码实现。但是可能阻塞程序的其他部分，对于多任务处理的场景应用

不够灵活。

　　考虑采用其他的方式实现，如使用定时器中断的方式实现动态显示。定时器中断是允许在预定的时间间隔内自动执行一段代码，而不需要在主循环中不断检查是否到达指定时间。通过配置定时器中断来定期更新 LED 点阵屏上显示的不同信息，实现动态显示的效果。编程实现相对复杂，但可以更精确地控制时间，在不阻塞主程序运行的情况下实现显示内容的更新，适合多任务处理的场景。

11.5　小　　结

　　本章结合 C 语言和 Arduino 应用，软硬件协同设计，选择 Arduino 开发板和点阵屏作为核心硬件，以 C 语言为基础，基于 Arduino IDE 平台具体实践了一个"欢度国庆"电子板项目，实现了静态显示图案和文本、动态循环显示祝福语等功能，以一种创新的形式表达对祖国的热爱，对国庆节的庆祝。

第 11 章　软硬协同设计案例 1
——"欢度国庆"电子显示板的设计与实现

软硬协同设计案例 2——无线测温仪的设计与实现

12.1 案例导入，思政结合

生活中，舒适的温度对人们的健康、环境的可持续性有着深远的影响，因此，在本章中将完成软硬件协同设计案例"无线测温仪"项目，以便于更深入理解代码在物理世界中如何发挥作用，展现应用科技创新解决实际问题。本章项目选择 Arduino Uno 开发板和七段数码管作为核心硬件，实现对环境温度的监测和显示温度的功能。将项目分解为传感器监测、数码管显示、温度转换以及监测控制等模块，采用团队合作的方式共同完成项目目标。

12.2 设 计 目 标

本章中通过结合 C 语言和 Arduino 的应用，设计一款与环境温度监测显示相关的设备。项目以 C 语言为开发语言，实践软件编程与硬件操作相结合。利用 C 语言编程控制 Arduino Uno 开发板和两位共阴极七段数码管，采用 NTC 热敏电阻传感器获取模拟值，计算得到环境温度，在数码管上实时显示，且在整个环境温度监测过程中，可以根据预先设置的阈值分别点亮不同颜色的 LED 灯等功能。项目中涉及 C 语言编程、Arduino Uno 开发板、模拟信号采集和多位数码管、发光二极管 LED 元器件原理、接口设计和调试、测试等。鼓励学生发挥创意，对数据采集传输方式、环境温度提醒设置进行个性化设计，制作出更体现创新意识的作品。通过对项目背景的讨论，深刻理解科技在生活中应用的意义，增强社会责任感和创新精神。

12.3 总 体 设 计

12.3.1 硬件选择

1. Arduino Uno

Arduino Uno 是 Arduino 家族中最受欢迎和最广泛使用的开发板之一，基于 AT-mega328P 微控制器，与 Arduino IDE 高度兼容，支持 Windows、Mac OS 和 Linux 等多

平台操作系统，因其稳定性、易用性和广泛的社区支持成为许多初学者和专业人士进行原型设计和快速迭代设计的理想选择。

本案例选用的是 Arduino Uno 开发板，其时钟速度为 16MHz，适合处理如传感器数据读取、执行逻辑判断并根据判断结果控制电机、舵机等中低复杂度的操作，Arduino Uno 大小约 68.6mm×53.4 mm，详细组成信息如图 12.1 所示，引脚定义见表 12.1。

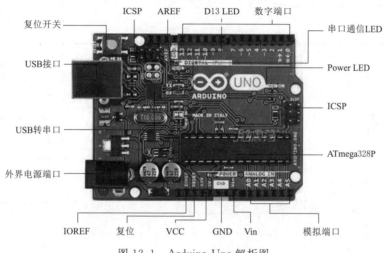

图 12.1　Arduino Uno 解析图

（1）同 Arduino Mega2560 类似，Arduino Uno 同样有三类指示灯，包括电源指示灯、数字引脚 13 指示灯以及串行通信传输指示灯，也可以通过复位按键重启开发板，也具有三种供电方式：

1）通过 USB 接口供电，电压为＋5V。

2）通过 DC 电源输入接口供电，电压为＋7～＋12V。

3）通过电源接口处＋5V 或者 VIN 端口供电，电源接口处供电必须为＋5V，VIN 端口处供电为＋7～＋12V。

（2）Arduino Uno 的存储空间也是由闪存、SARM 和 EEPROM 组成，共同支持程序、数据的存储和运行，和 Arduino Mega2560 相比，Arduino Uno 的存储空间较小，包括：

1）Flash Memory，闪存，容量为 32KB，其中 0.5KB 用于存储引导程序。

2）SRAM，静态随机存取存储器，容量为 2KB，用于存储程序运行时的变量和数据。

3）EEPROM，电可擦除可编程只读存储器，容量为 1KB，适用于存储程序的配置参数或少量需要长期存储的数据。

（3）Arduino Uno 的输入输出端口的数量和类型与 Arduino Mega2560 有着显著的差异，主要包括：

1）模拟输入端口，通常标记为 A0 到 A5，用于读取模拟信号，如从温度、湿度、光强等传感器接收的模拟数据。

2）数字输入/输出端口，通常标记为 0 到 13。每个数字端口都可以被配置为输入或输出，用于读取数字信号或输出数字信号。

3）多种特殊功能，包括 3、5、6、9、10、11 引脚输出 PWM 波；A4、A5 引脚用于 I^2C 通信；0、1 引脚用于 UART 通信，实现 Arduino 板与计算机、其他板或支持串行通信的设备之间的数据传输；AREF 用于提供模拟参考电压；复位端口用来手动重启 Arduino 板；ICSP 提供与 ATmega328 芯片的 ISP 编程。

表 12.1　　　　　　　　　　　　　　　**Arduino Uno 引脚一览表**

引脚类型	引脚名称	功　　能
电源引脚	5V	提供稳定的＋5V 电压
	3.3V	提供稳定的＋3.3V 电压
	GND	接地引脚
	VIN	提供外部电源（＋7～＋12V）
	RESET	通过低电平信号复位 Arduino
	AREF	提供模拟参考电压
模拟输入引脚	A0～A5	用于读取模拟信号
	A4、A5	I^2C 通信
数字输入/输出引脚	0～13	数字输入/输出
	3、5、6、9、10、11	PWM 输出
	0、1	UART 通信
	ICSP	与 ATmega328 芯片的 ISP 编程

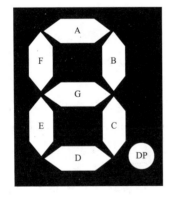

图 12.2　七段数码管
笔画标记示意图

2. 七段数码管

七段数码管是一种基于发光二极管 LED 封装的显示器件，由于其结构简单、成本低廉且易于编程控制，广泛应用于显示屏、空调、数字钟表、冰箱等设备的数字显示中。七段数码管由七个或八个发光二极管 LED 构成，这些 LED 排列成过一个"8"字形，七段数码管的显示笔画如图 12.2 所示，标记为 A、B、C、D、E、F、G 和 DP，控制这些 LED 等的亮灭，可以显示从 0 到 9 的十个不同数字和部分字母。

七段数码管通常分为共阴极七段数码管和共阳极七段数码管，主要区别在于其电路的连接方式和工作原理不同。

如果数码管中所有的 LED 段的阴极，也就是负极被连接在一起并共用，就称为共阴极七段数码管；反之，数码管中所有 LED 段的阳极，也就是正极被连接在一起并共用，就称为共阳极七段数码管。

对于共阴极七段数码管，当要点亮某个 LED 段时，需要将其阳极通过限流电阻接到高电平，而阴极接地。由于所有 LED 的阴极都已连接在一起并共接至地线，因此，只需控制每个 LED 的阳极就可以控制它们的亮或灭。同理，对于共阳极七段数码管，由于所有 LED 的阳极都已连接在一起并共接高电平，因此，只需控制每个 LED 段的阴极就可以控制它们的亮或灭。

七段数码管可以单个选用，显示单个数字或字符，也可以双位选用，显示两个数字或字符，当然也可以多位选用，显示多位数字或字符，如图 12.3 所示。双位七段数码管如图 12.3（a）所示；多位七段数码管如图 12.3（b）所示，本案例中选用的是双位共阴极七段数码管。

(a) 双位　　　　　　　　　　　　(b) 多位

图 12.3　双位、多位七段数码管实物图

3. NTC 电阻

热敏电阻是一种温度敏感的传感器电阻，其阻值会随着温度的变化而发生改变。按照温度系数不同，热敏电阻分为正温度系数热敏电阻 PTC 和负温度系数热敏电阻 NTC。NTC 热敏电阻的阻值随着温度的升高而呈指数关系减小，PTC 的阻值则随着温度的升高而增大。热敏电阻的这种温度敏感特性使其成为温度测量的理想选择，本案例中选用的是负温度系数热敏电阻 NTC，如图 12.4 所示。使用 NTC 热敏电阻通常

图 12.4　NTC 电阻实物图

与一个固定电阻组成电阻分压电路，通过测量分压电路的输出电压，可以精确地计算出 NTC 热敏电阻的电阻值。根据预先确定的电阻和温度关系表或公式，进一步计算出当前的温度，从而利用 NTC 热敏电阻实现对环境温度的精确监控。

12.3.2　软件要求

1. Arduino IDE

本案例采用 Arduino IDE 为软件开发环境，提供代码的编写、编译和上传到 Arduino Uno 开发板的功能。

2. 环境配置

正确选择开发板型号和对应的串行端口，先在"Tools → Board → Boards Manager"中选择正在使用的 Arduino 开发板型号。接着在"Tools → Port"菜单中选择该 Arduino 开发板对应的串口，如本实例中采用的是 Arduino Uno，串口"COM5"。查找资料，考虑安装库文件以简化代码，如本案例中使用了 NTC 热敏电阻和七段数码管，可以安装相应的库文件提供数学函数处理电阻阻值与温度的转换等功能。

12.3.3　系统框架

1. 软件架构

本项目以 C 语言为基础，基于 Arduino IDE 开发平台，在 Arduino Uno 开发板、七

段数码管、NTC 热敏电阻等电路基础上，编写程序，实现利用一个 NTC 热敏电阻获取温度，在两位共阴极七段数码管上实时显示。根据获取的温度值与设置的阈值比较，分别点亮红色、绿色和蓝色的发光二极管。该项目的软件架构主要分为初始化模块、数码管数字编码模块、显示控制模块和环境温度监测模块，每部分除实现基本功能外，可以进一步拓展。

（1）初始化模块。用于系统启动时的初始化，包括设置双位共阴极数码管、发光二极管以及 NTC 热敏电阻的硬件接口，配置 GPIO 引脚模式，关闭数码管、LED 灯等。

拓展：本项目中采用的是双位共阴极数码管用于显示温度，拓展训练可以考虑使用上一章案例中的 LCD 点阵屏，以提供更丰富的信息显示方式；考虑增加蜂鸣器、按键等其他用户交互模块的初始化设置。

（2）数码管数字编码模块。用来显示一个特定数字或者字符。定义七段数码管数字编码表，通过一个矩阵表示，矩阵中的每个元素分别对应七段数码管的 A、B、C、D、E、F、G 段和小数点 DP，编码方案可以以二进制形式或者十六进制形式表示。

拓展：本案例中采用的是共阴极七段数码管，如果采用共阳极七段数码管，其编码方案如何表示？对于其他形式的数码管，如十四段数码管如何设计编码方案，合理高效显示数字、字符等。

（3）显示控制模块。在七段数码管上实时显示环境温度，并且与预先设置的阈值比较，不同范围内的温度点亮不同颜色的 LED 灯。

拓展：本项目中采用数码管和发光二极管 LED 显示温度值及状态，拓展训练时可以考虑增强显示功能，如利用 LCD 点阵屏绘制温度趋势图，利用全彩 LED 灯替换多个不同颜色 LED 灯等。本项目设计中对环境温度采用实时监测和显示的方式，是否可以考虑增加按键模块，当按下按键时才进行温度检测并显示相应的温度值，以便于减小功耗。

（4）环境温度监测模块。周期性读取指定模拟引脚相连的 NTC 热敏电阻的模拟值，并将其转换、计算得出当前的温度，实现温度的实时监测功能。

拓展：本项目中编写函数 NTC_TempValue_Calculate()，将获得的 NTC 热敏电阻的电阻值和定义的参数共同代入 β 参数方程，计算出当前的温度值。是否适合采用斯坦哈特-哈特方程来计算，以实现更高精度的环境温度监测？或者对温度数据时优化算法以改善温度读数的稳定性和准确性？另外本项目中的温度阈值是程序中预先设定的，是否可以考虑增加按键模块，实现通过按键手动修改温度阈值的功能？

整个项目采用模块化设计，编程时要考虑到 Arduino，特别是 Uno 开发板有限的内存和资源限制。编写高效的代码，优化算法，避免复杂的数据结构，如多采用位操作来存储状态，以减少内存占用。架构设计时还需要考虑到可能的增加的扩展，如除数码管和发光二极管 LED 外，增加声音报警模块，或添加新的传感器以完成更多数据的采集和处理，或采用串口通信对阈值进行修改设置等，多方面增强系统的可扩展性以及易维护性。

2. 硬件系统方框图

本案例的硬件系统方框图如图 12.5 所示，选用 Arduino Uno 作为主控开发板，用于控制其他所有组件，复位电路模块、电源电路模块和下载电路模块集成在该开发板上。两位七段数码管用于显示温度信息，NTC 热敏电阻用于感知和获取当前环境温度，不同颜色的 LED 灯会根据温度与预设阈值比较结果分别点亮或熄灭。主要编写代码实现环境温度的监测、实时显示和不同温度提醒等功能。方框图中的交互模块、提醒模块作为拓展部分，实现增加其他传感器，采集新的数据；按键控制修改预设阈值；声光等多种模式实现不同温度提醒的功能。

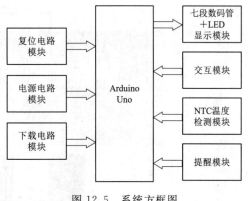

图 12.5　系统方框图

12.4　功　能　实　现

12.4.1　硬件连接

本案例所需要的硬件包括 Arduino Uno、两位共阴极七段数码管、多色 LED 灯若干、NTC 热敏电阻、200 欧姆电阻若干、面包板以及足量的杜邦线。借助面包板，完成硬件电路搭建，硬件电路原理图如图 12.6 所示，连接示意图如图 12.7 所示。

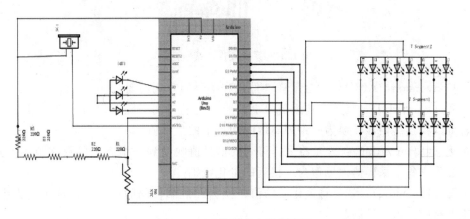

图 12.6　系统硬件电路原理图

12.4.2　软件开发

1. 初始化设置

（1）模拟信号。模拟信号和数字信号相对，通常是指一种连续信号，这种连续信号在幅值和时间上都是连续的，也就是说可以在任意时刻取任意值。自然界中的光强、声音信号、温度、压力和电磁波等物理量都是模拟信号，代表着物理量的连续变化而不是离散值，可以通过电压、电流、声波等多种形式表现。

模拟信号可以通过数字化的方式转换出二进制形式表示的数字信号，以便于计算机或其他数字设备进行处理和存储。模拟信号到数字信号的转换称为模数转换（Analog to

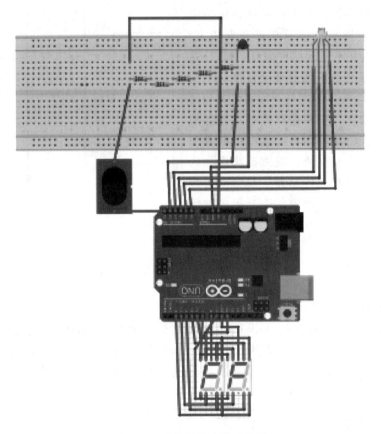

图 12.7 系统硬件连接示意图

Digital Conversion，ADC），通过采样、量化和编码的方式实现。

采样（Sampling）：就是在连续信号上按照一定的时间间隔获取信号值的过程，通过采样，可以将连续信号转换为一系列离散时间点上的信号值。

量化（Quantization）：就是将采样得到的信号值映射到一个有限的数字范围的过程，在这个过程中每个采样值被近似为最接近的量化级别。

编码（Encoding）：就是将量化后的值转换为二进制代码的过程，在这个过程中每个量化级别对应一组二进制数。

例如采用 8 位二进制数，量化级别包括 2^8，即 256 个不同的量化级别，每个量化级别对应的编码从 0000 0000 到 1111 1111，保证了每个采样和量化的值都可以用一个固定长度的二进制数（8 位）来表示。

数字信号到模拟信号的转换称为数模转换（Digital to Analog Conversion，DAC），得到连续变化的模拟信号来驱动扬声器、视频播放等操作。

（2）模拟信号的电平表示。模拟信号的电平表示通常是指模拟信号在任意给定时刻的电压或者电流的大小，能够直接反映声音、光、温度和湿度等物理量的连续变化。在模数转换过程中，连续电平被转换出一系列二进制数值，表示特定时间点上对应信号的电平近似值。

本案例中采用的是 Arduino Uno，使用的是 10 位模数转换，表示可以提供的量化级别为 2^{10}，即 1024 个不同的二进制数，用来对应表示 1024 个不同的电压值。假设所测量的模拟信号在 0V 至＋5V 之间变化（默认高电平为 5V），每个量化级别对应的是：

$$\Delta = \frac{1 \times 5.0}{1024} = 0.00488$$

可以得出，模数转换的位数越多，量化级别就越高，信号的电平就能被分为更细的级别，从而提高了信号的精确度。本案例中模拟信号被映射为相应的 10 位二进制数，如 0V 映射为 00 0000 0000，5V 映射为 11 1111 1111，2.5V 映射为 10 0000 0000。

（3）Arduino 的模拟 I/O 口。Arduino 中提供的模拟输入端口可以完成数字的输入/输出功能，还可以作为模拟输入。本案例中使用的 Arduino Uno 有 6 个模拟输入引脚，编号为 A0 至 A5，这些模拟输入引脚都是带有模数转换 ADC 功能的引脚。通过这些引脚将外部设备的模拟信号读取，借助内置的 ADC，将模拟信号转换为数字值，用于程序中的数据处理等。

在 Arduino 中读取模拟输入引脚的值，需要使用 analogRead() 函数，其用法如下。

```
analogRead(pin);//输入引脚的值。
```

其中，参数 pin 表示要读取模拟值的引脚，这里特别要注意，被指定的引脚必须是模拟输入引脚，也就是说 pin 只能是 A0、A1、A2、A3、A4 或 A5。函数会返回一个 0 到 1023 之间的整数值，如上面所说 0V 返回 0，对应于 10 位二进制数 00 0000 0000，5V 返回 1023，对应于 11 1111 1111，2.5V 返回 512，对应于 10 0000 0000。

在 Arduino 中使用 analogWrite(pin, value) 函数实现模拟输出功能，需要注意的是 Arduino 其实不具备真正的模拟电压输出，是通过脉冲宽度调制（PWM）的方式来展示模拟输出的效果。

（4）编程开发。本案例中初始化设置分成四部分，包括在初始化函数 RGB_Init() 中，定义红色、绿色和蓝色 LED 引脚连接方式，设置初始化状态；在初始化函数 DigLED_Init() 中，定义七段数码管显示的引脚连接方式并设置两位七段数码管初始化状态；温度传感器输入引脚定义和初始化；在函数 setup() 中调用 RGB_Init()、DigLED_Init() 实现 LED 灯和七段数码管的引脚初始化设置，LED 灯初始化参考程序如下：

```
//定义 LED 灯引脚
int RGB_R = A3;
int RGB_G = A1;
int RGB_B = A0;
int RGB_HIGH = A2;
//关闭 LED 灯
void RGB_Off() {
  digitalWrite(RGB_HIGH, LOW);
  digitalWrite(RGB_R, HIGH);
  digitalWrite(RGB_G, HIGH);
  digitalWrite(RGB_B, HIGH);
}
//LED 灯初始化函数
```

```
void RGB_Init() {
  pinMode(RGB_HIGH, OUTPUT);
  pinMode(RGB_R, OUTPUT);
  pinMode(RGB_G, OUTPUT);
  pinMode(RGB_B, OUTPUT);
  RGB_Off();
}
```

本案例中采用模拟信号输入引脚 A0、A1、A2 和 A3 完成数字信号的输出功能，实现对红色、绿色和蓝色 LED 灯的开关状态控制。其中：A3 端口控制红色 LED 灯、A1 端口控制绿色 LED 灯、A0 端口控制蓝色 LED 灯，红色、绿色、蓝色 LED 灯的正极连接在一起，由 A2 端口控制。

利用 pinMode(pin，OUTPUT) 函数，将 A0～A3 引脚配置为输出模式，然后通过 digitalWrite(pin，HIGH/LOW) 函数，设置以上发光二极管正极为低电平，负极为高电平，即关闭 LED 灯。

七段数码管初始化参考程序如下：

```
int DigShow_PORT[] = {9,8,7,6,5,4,3,2};
int DigShow_COM[] = { 10, 11 };
void DigLED_Init() {
  for (int i = 0; i < 8; i++) {
    pinMode(DigShow_PORT[i], OUTPUT);
    digitalWrite(DigShow_PORT[i], LOW);
  }
  for (int i = 0; i < 3; i++) {
    pinMode(DigShow_COM[i], OUTPUT);
    digitalWrite(DigShow_COM[i], HIGH);
  }
}
```

本案例中为了方便管理，定义了七段数码管 a、b、c、d、e、f、g、h 端口为整型数组 DigShow_PORT[]，定义了两位数码管的公共控制端 com 为整型数组 DigShow_COM[]，引脚编号分别为数字 I/O 引脚 { 2，3，4，5，6，7，8，9 } 以及引脚{10，11}。在七段数码管初始化函数 DigLED_Init() 中，采用了两个 for 循环结构，通过 pinMode(pin，OUTPUT)、digitalWrite(pin，HIGH/LOW) 分别对控制段端口和公共端端口配置引脚输出模式，设置段端口和公共端端口初始化状态。

本案例中采用的是两位共阴极七段数码管，当段端口初始化状态被设置为 LOW，即低电平，而公共端端口初始化状态被设置为 HIGH，即高电平。两位七段数码管中的 LED 都被关闭，没有任何点被点亮。

温度传感器模拟输入引脚定义：

```
const int analogInputPin = A4;
```

这里选择 const int 声明一个整型常量 analogInputPin 并且赋值为 A4，可以明确该输入引脚的值在初始化后不能被改变，防止程序中的其他部分意外修改该引脚号，确保了程序的稳定性和可靠性。因为该类值在编译时是已知的且不会改变，因此编译器也可以对其进行优化，生成更有效率的代码。

引脚初始化参考程序如下：

```
// 初始化引脚
void setup() {
  RGB_Init();
  DigLED_Init();
//声明温度传感器连接的引脚为模拟输入引脚
//pinMode(analogInputPin，INPUT);
}
```

在 setup() 中调用 RGB_Init() 和 DigLED_Init() 函数，初始化 RGB_LED 和两位七段数码管的引脚，当开发板启动或者按下复位键后，运行一次该段程序代码，实现引脚模式配置和初始化状态设置。在 setup() 函数中注释了温度传感器连接的引脚为模拟输入引脚，实际上该行代码不执行任何操作，因为模拟引脚默认方式为输入模式，注释在这里只是增加代码的可读性。

【拓展练习 1】：如果采用的是两位共阳极七段数码管，设置七段数码管中各端口初始值，使得七段数码管初始时始终为关闭状态。

【拓展练习 2】：编写程序，实现初始化时七段数码管依次从 a – b – c – d – e – f – g 点亮，然后处于关闭状态。

2. 七段数码管显示

（1）七段数码管显示原理。无论是单个、双位或者多位数码管，其显示原理相同，都是通过点亮数码管内部的发光二极管 LED 灯，来显示数字和某些字符、符号。常见的七段数码管布局是双行排列，引脚示意图如图 12.8 所示，其中 a、b、c、d、e、f 和 g 对应构成数字 0～9 的 7 个段，h 控制小数点的亮灭，v 表示公共端。

共阴极七段数码管和共阳极七段数码管的内部原理图如图 12.9 所示，由图 12.9（a）可见，共阴极七段数码管中，8 个发光二极管的阴极在数码管内部都连接在一起，即"共阴"，而阳极独立。当数码管某个阳极加上一个高电平，对应的发光二极管 LED 点亮，如想显示数字"8"则引脚 a、b、c、d、e、f 段对应的引脚接高电平，其他引脚接低电平即可。同理，共阳极七段数码管中，8个发光二极管的阳极在数码管内部都连接在一起，即"共阳"，而阴极独立，如图 12.9（b）所示。如果在数码管某个阴极上加上一个低电平，而公共端 v 接高电平，则对应的发光二极管 LED 被点亮。

（2）七段数码管数字编码。七段数码管上要显示一个特定的数字或字符，相应的 LED 段会被点亮。用一个

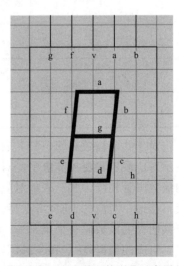

图 12.8　七段数码管引脚示意图

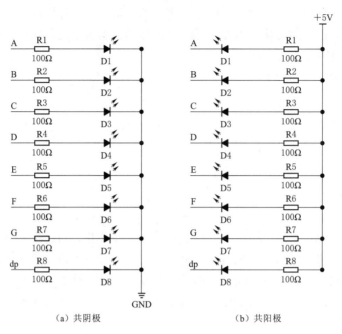

（a）共阴极　　　　　　　　　　　　（b）共阳极

图 12.9　七段数码管内部原理图

字节（8 位）中的每一位代表一个段是否点亮，如果为"1"表示该 LED 灯点亮，如果为"0"则表示没有被点亮。从最低位到最高位依次为 A、B、C、D、E、F、G 和小数点 DP，得到七段数码管数字编码见表 12.2。

表 12.2　　　　　　　　　　　　　七段数码管数字编码一览表

数字	共阴极编码方案	共阳极编码方案	数字	共阴极编码方案	共阳极编码方案
0	00111111 （0×3F）	11000000 （0×C0）	5	01101101 （0×6D）	10010010 （0×92）
1	00000110 （0×06）	11111001 （0×F9）	6	01111101 （0×7D）	10000010 （0×82）
2	01011011 （0×5B）	10100100 （0×A4）	7	00000111 （0×07）	11111000 （0×F8）
3	01001111 （0×4F）	10110000 （0×B0）	8	01111111 （0×7F）	10000000 （0×80）
4	01100110 （0×66）	10011001 （0×99）	9	01101111 （0×6F）	10010000 （0×90）

　　对于共阴极数码管，"1"表示对应段的阳极需要接高电平以点亮发光二极管，而"0"表示对应段不需要接高电平，对应的 LED 不点亮；对于共阳极数码管，其编码方案与共阴极数码管相反，"0"表示对应段的阴极需要接地以点亮相应的 LED，而"1"表示对应段不接地，对应的 LED 不点亮。如显示一个数字"3"，需要点亮 A、B、C、D 和 G，对于共阴极七段数码管来说，A、B、C、D 和 G 段为高电平，其他段为低电平，所以数字"3"对应的编码是"01001111"，十六进制表示形式"0x4F"；对于共阳极七段数码管来说，A、B、C、D 和 G 段为低电平，其他段为低电平，所以数字"3"对应的编码是

"10110000"，十六进制表示形式"0xB0"。

（3）单个七段数码管数字 0~9 循环显示。定义了整型数组 segments[ ]，里面各元素对应 Arduino 与七段数码管各段连接的引脚：

```
//分别对应共阴极七段数码管的 DP、G、F、E、D、C、B、A 段
int segments[] ={9,8,7,6,5,4,3,2};
```

定义七段数码管数字 0~9 的编码：

```
//共阴极,1 表示点亮,0 表示熄灭
//这里的编码用二进制形式表示
int numbers[10][8] = {
    {0,0,1,1,1,1,1,1},     // 0
    {0,0,0,0,0,1,1,0},     // 1
    {0,1,0,1,1,0,1,1},     // 2
    {0,1,0,0,1,1,1,1},     // 3
    {0,1,1,0,0,1,1,0},     // 4
    {0,1,1,0,1,1,0,1},     // 5
    {0,1,1,1,1,1,0,1},     // 6
    {0,0,0,0,0,1,1,1},     // 7
    {0,1,1,1,1,1,1,1},     // 8
    {0,1,1,0,1,1,1,1}      // 9
};
```

在 setup() 函数中进行初始化设置，七段数码管所有段对应的引脚设置为输出模式：

```
void setup() {
    for(int i = 0; i < 7; i++) {
    pinMode(segments[i], OUTPUT);
    }
}
```

编写函数 displayNumber(int number)，控制各段的高低电平，显示特定的数字：

```
void displayNumber(int number) {
    // 控制各段的高低电平以显示特定数字
    for(int i = 0; i < 7; i++) {
    digitalWrite(segments[i], numbers[number][i]);
    }
}
```

主循环函数 loop() 部分不断重复调用 displayNumber(number)，实现循环显示数字 0~9 的功能。这里利用了 Aruduino 中的 delay() 函数，暂停 1s，即每个数字显示 1 秒。

```
void loop() {
    for(int number = 0; number < 10; number++) {
    displayNumber(number);
```

```
    delay(1000);
  }
}
```

【拓展练习 1】：编写程序，在两位共阴极七段数码管上显示数字，两位数码管中十位呈关闭状态，个位依次从 0-1-2-3-4-5-6-7-8-9-8-7-6-5-4-3-2-1-0 循环显示。

（4）两位七段数码管动态显示。本实例中采用的是两位共阴极七段数码管，其外部引脚如图 12.10 所示，每个数码管的所有阴极共同连接在一起，段有各自的阳极连接，通过向各个段的阳极提供高电平信号来点亮发光二极管。

两位数码管中，不同数码管的共阴极是独立的，以便能够单独控制每个数码管的显示，但是为了减少外部引脚数量，所有 LED 灯的同名段控制是共用的，如所有的"A"段连接在一起，其内部结构原理图如图 12.11 所示。

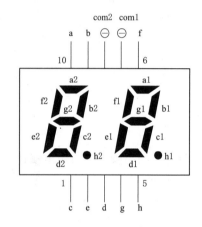

图 12.10　两位七段数码管
外部引脚示意图

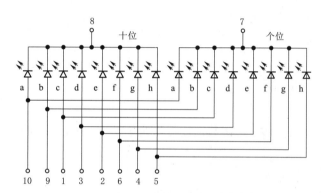

图 12.11　两位七段数码管内部结构原理图

为了能够在不同数码管上同时显示不同的数字，引入了数码管动态扫描显示的概念，也称为动态显示。所谓动态扫描显示就是轮流向各位数码管送出字形码和相应的位选（com 端）信号，快速交替点亮每一位数码管。所有数码管都接收到相同的字形码，究竟是哪个数码管会显示出字形，取决于位置信号。将需要显示数字的数码管选通控制打开，该位就显示出字形，没有选通的数码管就不会点亮。利用了发光二极管的余晖和人脸视觉暂留效应，使人感觉好像各位数码管同时都在显示，而实际上多位数码管是一位一位轮流显示，只是人眼已经无法分辨。

（5）编程开发。首先定义一个名为 DigShowNumber 的数组，存放数字对应的编码，这里的编码以十六进制形式表示，参考程序如下：

```
// 字库
uint8_t DigShowNumber[] =
  {
    //  0 1 2 3 4 5 6 7 8 9
```

```
    0x3F，0x06，0x5B，0x4F，0x66，0x6D，0x7D，0x07，0x7F，0x6F
  };
```

定义函数 Display_Load() 接收一个要显示的两位整数，通过 while(index++ < 2)，函数实现循环两次，分别对应两位数码管的每一位。在共阴极数码管中，设置如下：

```
digitalWrite(DigShow_COM[index - 1], LOW);
digitalWrite(DigShow_COM[2 - index], HIGH);
```

每一次循环中，其中一位数码管的 DigShow_COM 端为 LOW，对应的数码管被激活，显示收到的字形码，而另外一位 DigShow_COM 端为 HIGH，对应的数码管关闭，以此实现循环显示个位和十位数字。

```
void Display_Load(int number) {
 int index = 0;
  while (index++ < 2)
 {
    digitalWrite(DigShow_COM[index - 1], LOW);
    digitalWrite(DigShow_COM[2 - index], HIGH);
    for (int i = 0; i < 8; i++)
    //显示当前个位数字
   digitalWrite(DigShow_PORT[i], DigShowNumber[number % 10] >> i & 1);
    //数字更新，获取十位数字，准备用于显示
    number /= 10;
    delay(10);
  }
}
```

采用 for 循环，分别获取个位、十位的字形码并用于数码管显示。对于共阴极数码管，这里"1"表示点亮对应的段。两个显示之间有短暂的延时，延时10ms，达到快速交替显示的效果。

在 loop() 函数中调用 Display_Load() 函数，不断重复执行，实现两位共阴极数码管的动态显示功能，效果如图 12.12 所示。

【拓展练习2】：如果采用的是两位共阳极七段数码管，编写程序，实现数码管依次从 0～99 的循环显示，每秒钟数字变化一次。

3. 温度测试

（1）测温原理。利用 NTC 热敏电阻进行测温，其原理是基于 NTC 热敏电阻的电阻值随温度变化而

图 12.12　两位数码管
实际显示效果

变化的特性。当 NTC 热敏电阻在不同的温度下时，其内部材料的电子运动会发生改变，导致其电阻值发生改变，而这种变化是可以预测的。因此，对于特定材料的热敏电阻，其制造商会提供一个温度和电阻的曲线图或公式、表格等，用于从电阻值计算温度，这种电

阻值和温度的关系通常都是非线性的。

计算温度常用的公式包括斯坦哈特-哈特方程（Steinhart‑Hart Equation）和贝塔参数方程（Beta Parameter Equation），其中斯坦哈特-哈特方程因为考虑了较多的非线性因素，测量的精度更高，而贝塔参数方程因其简单被广泛使用于对精度要求不是很高的应用中，本案例中采用了贝塔参数方程的方法来计算温度。贝塔参数方程如下所示：

$$\frac{1}{T} = \frac{1}{T_0} + \frac{1}{\beta}\ln\left(\frac{R}{R_0}\right)$$

式中：T 为热敏电阻的绝对温度；R 为测量到的热敏电阻的电阻值；T_0 为参考温度，通常为 25℃；R_0 为在 T_0 时的电阻值；β 为热敏电阻的 β 参数，由制造商提供。

（2）参数定义。根据 β 参数方程，对参数进行了定义，绝对温度为 273.15℃，参考温度为 25℃，在 25℃下对应的 NTC 电阻值为 10kΩ，NTC 热敏电阻的 β 参数为 3950K。

```
#define T25 (25 + 273.15)        // T25 = 25 + 273.15,定义 25℃对应的绝对温度
#define R25 (10)                 // 25℃下对应的 NTC 电阻值为 10kΩ
#define RES_UP (2.55)            // 上拉采样电阻 RES_UP = 10.0K
#define AVDD_MV (5000)           // AD 电源电压 5000mv
#define BX (3950)                // NTC 材料参数 β 参数
#define ABS_0 (273.15)           // 绝对零度的温度值
```

（3）温度计算。编写函数 NTC_TempValue_Calculate()，通过电阻分压，将获得的 NTC 热敏电阻的电阻值和定义的参数共同代入 β 参数方程，计算出当前的温度值，并返回显示在数码管上。参考代码如下：

```
int16_t NTC_TempValue_Calculate(int32_t TempADCValue_mv) {
  float tmp = 0;
  tmp = (RES_UP * 1.0) / R25;
  tmp = tmp * TempADCValue_mv / (AVDD_MV − TempADCValue_mv);
  tmp = log(tmp);
  tmp /= BX;
  tmp *= T25;
  tmp = T25 / (tmp + 1);
  tmp −= ABS_0;           //转换为摄氏度,用于显示
  return tmp + 0.5;       //2 位共阴极数码管,四舍五入取整
}
```

4. 测温结果展示

（1）工作流程。本案例设计一个测温仪，用一个 NTC 热敏电阻获取温度，并根据温度值与设置的阈值比较，当温度≥30℃，RLED 红色发光二极管点亮；当温度大于等于 25℃而小于 30℃，GLED 绿色发光二极管点亮；当温度小于 25℃ 时，BLED 蓝色发光二极管点亮，测温过程中两位共阴极七段数码管实时显示温度。其工作流程如下：

1）程序初始化：初始化红色、绿色和蓝色发光二极管对应引脚配置和初始状态显示；

初始化数码管对应的引脚配置和初始状态显示。

2）在主循环中读取指定模拟输入引脚相连的 NTC 热敏电阻的模拟值；将读取到的模拟值转换为实际的电压值；再将此计算得到的电压值作为参数，计算出当前的温度；根据温度控制红色、绿色和蓝色 LED 灯点亮，同时在数码管上实时显示出温度值。

考虑到外界温度的变化不会突然激变，程序中增加了一个分支判断条件，每调用 loop（）函数 10 次时，才会调用采样、计算和显示。通过这样一个简单的延时，减少执行的频率。

（2）编程开发。在 loop（）函数的采样、计算和显示功能参考程序如下：

```
void loop() {
  float voltage;
  if (++t1 > 10) {
    t1 = 0;
    int sensorValue = analogRead(analogInputPin);
    voltage = sensorValue / 1023.0 * 5000;
    temperature = NTC_TempValue_Calculate((int32_t)voltage);
    if (temperature < 25)
      RGB_On(RGB_B);
    else if (temperature < 30)
      RGB_On(RGB_G);
    else
      RGB_On(RGB_R);
  }
  Display_Load(temperature);
}
```

（3）结果展示。通过周期性读取 NTC 热敏电阻的模拟值，来计算电压值、温度，并根据阈值，将不同范围的温度点亮不同颜色的 LED 灯，同时在数码管上实时显示对应的温度值，用于环境温度的监测和可视化表示。本案例测温仪实际效果如图 12.13 所示。

温度（T）	$T<25℃$	$25℃≤T<30℃$	$T≥30℃$
LED灯	蓝色LED亮	绿色LED亮	红色LED亮
数码管显示	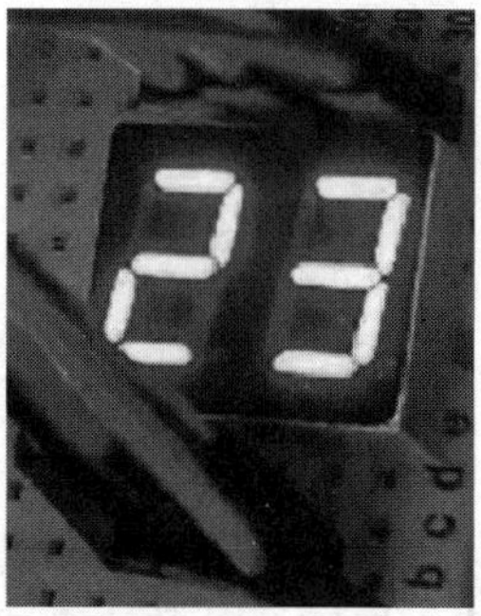		

图 12.13　测温仪实际效果

5. 拓展功能实现

【拓展功能 1】编写程序代码，实现交互模块功能。如增加 4 个按键，每当按键 1 按下 1 次，预设的阈值温度 H 增加 1℃；每当按键 2 按下 1 次，则阈值温度 H 降低 1℃。按键 3 和 4 类似，分别在按下按键 3 和按键 4，预设的阈值温度 L 相应增加和降低 1℃。

（1）按键。按键是一种常用的电子元器件，本项目拓展功能中使用的是独立按键，其实物图如图 12.14 所示。当按下按钮时，闭合电路，允许电流通过；当释放按钮时，打开电路，停止电流流动。

按键开关通常连接到 Arduino 的数字输入引脚上，Arduino 开发板通过读取 I/O 端口的电平状态，判断按键是否按下。按键开关符号表示如图 12.15 所示，硬件连接原理如图 12.16 所示。按键的一端接 GND，另外一端接 Arduino Uno 的数字引脚。同时，按键接数字引脚端需要通过外部上拉电阻将输入引脚拉高至 VCC，以确保当按键没有按下时，输入引脚为高电平而不是处于悬空状态，也可以使用开发板内部的上拉电阻实现这一功能。

图 12.14　独立按键实物图

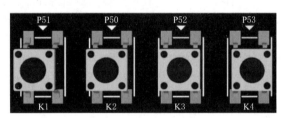

图 12.15　独立按键符号

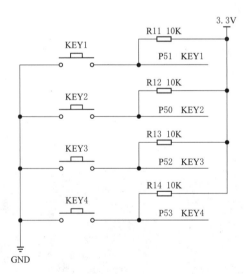

图 12.16　按键硬件连接原理图

（2）编程开发。在 setup() 函数中初始化数字引脚为输入模式，参考使用内部上拉电阻 INPUT_PULLUP 模式，使用 digitalRead() 函数读入按键开关的按下或者未被按下的状态，参考代码如下：

```
// 定义连接按键的 Arduino 数字引脚
const int buttonPin = 2;
// 定义用于存储按键状态的变量
int buttonState = 0;
void setup() {
  // 初始化数字引脚为输入模式
  pinMode(buttonPin, INPUT_PULLUP);
}
void loop () {
  int buttonState = digitalRead (buttonPin);
  if (buttonState == LOW) {
    // 按键被按下，执行动作
  }
}
```

由于机械按键在按下或者释放的过程中可能会产生抖动，如果直接读取这一瞬间的按键状态可能会导致误判，因此采用按键去抖动技术，以确保按键状态检测的准确性。可以采用硬件或软件的方法消除抖动的影响，本案例中采用软件的方法实现。延时函数可以有效地去除按键抖动影响，如在检测到按键按下后，执行 10ms 的延时程序，然后再次检测按键状态，如果仍保持闭合状态则确认有按键按下；检测到按键释放时同理，检测到状态发生变化后，执行 10ms 的延时后再次检测和确认状态，参考代码如下：

```
void loop() {
  int buttonState = digitalRead(buttonPin);
  if (buttonState == LOW) {
  delay(50); // 短暂延时以防抖动
  buttonState = digitalRead(buttonPin); // 再次检查按键状态
  if (buttonState == LOW) {
    // 确认按键确实被按下,执行动作
  }
}
```

【拓展功能 2】数码管和 LED 灯显示都可以起到提醒的作用，还可以采用声光结合的方式，编写程序代码，当温度 $T \geqslant 30℃$，红色 LED 灯亮且蜂鸣器发出短促声音；当 $25℃ \leqslant T < 30℃$，绿色 LED 灯亮且蜂鸣器不发出声音；当 $T < 25℃$，蓝色 LED 灯亮且蜂鸣器发出缓慢声音，七段数码管实时显示相应温度。

（3）蜂鸣器。蜂鸣器是一种一体化结构的电子讯响器，采用直流电压供电，并广泛应用于电子产品中的发声器件。对于有源蜂鸣器，Arduino Uno 输出高低电平即可控制蜂鸣器发声。查找资料，采用声光多种模式实现不同温度提醒的功能。

（4）多传感器融合。本案例中采用的是 NTC 热敏电阻获取环境温度，可以考虑增加湿度传感器检测环境湿度，增加气压传感器、光纤传感器以及可燃性气体等多种传感器，通过多传感器采集的数据处理和显示，提供更全面的环境监测。

（5）远程监控与控制。基于本案例项目基础，增加 WIFI 模块或者蓝牙模块，开发相应的手机 App 或网页应用，远程查看实时数据，调整阈值等。

12.5　小　　结

　　本章进一步深入探索 C 语言和 Arduino 软硬件协同设计，选择 Arduino Uno 和七段数码管、NTC 热敏电阻作为核心硬件，以 C 语言为基础，基于 Arduino IDE 平台具体实践了一个"测温仪"项目，实现了对环境温度的监测、显示温度以及不同温度提醒等功能，展现应用科技解决实际问题的方式，深刻理解科技在生活中应用的意义，增强社会责任感和创新精神。

第 12 章　软硬协同设计案例 2
　　——无线测温仪的设计与实现

参 考 文 献

［1］ 王强，吴琼，韩洪涛，等. 51 单片机原理与应用——C 语言案例教程［M］. 北京：清华大学出版社，2022 年.

［2］ 海涛. STM32 系列单片机原理及应用——C 语言案例教程［M］. 北京：机械工业出版社，2021.

［3］ 曹为刚，倪美玉. C 语言程序设计与项目案例教程［M］. 北京：清华大学出版社，2023.

［4］ 刘朝霞，赵静，李绍华，等. 数据结构与算法（C 语言）［M］. 北京：清华大学出版社，2023.

［5］ 明日学院. C 语言从入门到精通［M］. 北京：中国水利水电出版社，2023.

［6］ 刘丽娜，郑立平，马丽华. C 语言程序设计案例教程［M］. 北京：清华大学出版社，2023.

［7］ 胡新荣，何凯，孔维广. 案例式程序设计基础（C 语言版）［M］. 北京：科学出版社，2023.

［8］ 徐英慧，李颖，黄宏博，等. C 语言程序设计［M］. 北京：清华大学出版社，2023.

［9］ 牛军，黄大勇，薛晓，等. MCS‐51 单片机技术项目驱动教程（C 语言）［M］. 北京：清华大学出版社，2023.

［10］ 郑晓健. C 语言程序设计问题求解与学习指导［M］. 北京：清华大学出版社，2023.

［11］ 赵云. 深入浅出 C♯［M］. 北京：中国水利水电出版社，2023.

［12］ 叶煜. C 语言程序设计案例教程［M］. 北京：清华大学出版社，2023.

［13］ 刘春茂，李琪. C♯程序开发案例课堂［M］. 北京：清华大学出版社，2023.

［14］ 梁海英. C 语言程序设计［M］. 3 版. 北京：清华大学出版社，2023.

［15］ 张寒冰，杨云，连丹，等. C 语言程序设计新编教程［M］. 3 版. 北京：清华大学出版社，2023.

［16］ 李春杰. C 语言程序设计案例化教程［M］. 北京：北京理工大学出版社，2023.

［17］ 李东亮. C 语言程序设计案例教程［M］. 上海：同济大学出版社，2023.

［18］ 宗小翀，袁启昌. C 语言程序设计案例教程［M］. 北京：北京交通大学出版社，2023.

［19］ 陈越. 数据结构［M］. 2 版. 北京：高等教育出版社，2016.

［20］ 李春葆，尹为民，蒋晶珏，等. 数据结构教程［M］. 北京：清华大学出版社，2022.

［21］ （美）福利，等，唐泽圣，等，译. 计算机图形学原理及实践——C 语言描述［M］. 北京：机械工业出版社，2018.

［22］ 赵辉，王晓玲. 计算机图形学［M］. 北京：海洋出版社，2023.

［23］ 于延. C 语言程序设计游戏化任务教程［M］. 北京：科学出版社，2023.